독도학

독도학

이정태 지음

경북대학교출판부

이정태(李貞太, Lee Jung-Tae)
현 경북대학교 정치외교학과 교수

지극한 독도쟁이다. 「중국의 남진정책」(경북대학교 정치학 박사학위 논문, 2000)으로 독도 연구에 입문하면서 독도 본능을 드러냈다. 이 논문에서 그는 해양영토 분쟁의 본질을 국력이라 파악하고 힘의 절대성을 강조했다. 중국사회과학원 박사후 연구과정을 이수하던 중 『양안 제로섬게임 분석(非零和博弈的兩岸關係)』(中國文藝出版社, 2005)을 출간하면서 중국 연구와 한반도 상황을 연계시켰다.
"독도는 '문제'가 아니라 '존재'이다." 사필귀정(事必歸正)을 믿는 그의 독도관이다. 현재 진행되는 독도 문제는 국력과 시각의 문제인데 시간이 해결할 것으로 낙관한다.
『신중국의 해권과 해양영토』(대왕사, 2005)를 비롯하여 해양영토 분쟁 관련 저서와 논문을 생산하고 있으며, 경상북도 독도 정책과 사업에 참여하여 역사·지리 교사 교육, 외국인 유학생 독도 교육, 전국 대학생 독도 논문 대회, 일본 교과서 대응 전문가 토론회 등을 기획·주최하고 있으며, 공무원 독도 교육, 초·중·고 독도 순회 교육, 사회단체 독도 교육 등 독도 인식 제고에 애쓰고 있다.

독도학

찍은 날 2014년 6월 7일 | **펴낸 날** 2014년 6월 13일
지은이 이정태 | **펴낸이** 함인석 | **펴낸 곳** 경북대학교출판부
출판등록 1973년 10월 10일 ㉣97호 | **주소** 대구광역시 북구 대학로 80
전화 053-950-6741~3 | **팩스** 053-953-4692
이메일 press@knu.ac.kr | **홈페이지** http://knupress.com
ISBN 978-89-7180-395-0 93300

정가는 뒤표지에 있습니다.
파본은 바꾸어 드립니다.

머리말

독도학을 열며

안전한 생활공간의 확보는 국가의 생존에 필수적인 조건이다. 해양영토 문제 역시 마찬가지다. 국가의 생존권과 관련된 본질적이고 민감한 핵심 이익이다. 국가유기체론의 논리처럼 영역 확대는 국가의 본능이고, 국가는 조건이 주어지면 수단과 방법을 가리지 않고 확대를 시도한다. 제2차 세계대전 종전 이후 힘에 의한 영역 확대는 사실상 불가능한 현실이 되었다. 따라서 아직 여지가 있는 미해결 경계 획정 지역은 간과할 수 없는 유혹이다. 독도 문제도 바로 이 연장선상에 있다. 일본 정부가 독도에 대한 미련을 버리지 못하는 것은 국가가 가진 속성 때문이다. 일본이 제국주의 시기에 꾸었던 대륙 정복의 꿈도 결국 생활권 확대였고, 지금 독도에 미련을 가지는 것도 그 꿈에서 깨어나지 못했기 때문이다.

인근 해양에서 진행되는 다른 분쟁들도 마찬가지다. 즉, 이면에 내재된 국가의 현실주의적 속성 때문에 해양영토 분쟁이 끊이지 않는다. 남중국해 도서 분쟁의 경우, 이해 당사국 간에 '남중국해 잠재적 갈등 처리에 관한 워크숍(Workshop on the Managing Potential Conflicts in the South China Sea)'을 개최하는 등의 노력이 지속되고 있다. 러·일 간의 쿠릴열도/북방 4개 도서 분쟁도 푸틴이 직접 해결책을 제시하기도 했으며, 중·일 간 조어도/센카쿠 분쟁도 양자회담을 지속하고 있으나, 해결의 실마리를 풀지 못하고 있다. 이는 본질적으로 양보할 수 없는 이익이 내재되어 있다는 점, 그리고 문제에 대한 접근 방법과 시각이 다르다는 점 때문이다.

독도 문제도 바로 이러한 문제들 중의 하나이다. 우리나라의 입장에서는 독도 영유권의 소재가 당연히 우리나라이고 일본이 일방적으로 억지를 부리고 있다고 판단하고 있지만, 일본의 입장에서는 그렇지 않다. 때문에 일본이 독도를 쉽게 양보할 것이라고 기대하는 것은 섣부른 판단이다. 그렇다면 장기적인 전략하에서 국가가 가지는 일반적인 속성, 대치되는 접점에 대한 규명이 있어야 하고, 이를 바탕으로 원인 분석과 대책 마련이 이루어져야 한다.

독도가 한·일 간 국제문제로 인식되고 있는 것은 현실이다. 당연히 정리되어야 할 '과거 문제'가 아직도 '현재 문제'로 남아 있다는 사실은 분명 모순이다. 그러나 그 모순이 실재한다. 따라서 우리는 이 문제에 대해 명확히 이해할 필요가 있다. 이 같은 모순이 지속되고 있는 이유로 다음의 네 가지를 들 수 있다.

첫째, 홉스적 수준에서 보면, 한·일 간 이익 경합이 계속되기 때문이다. 양국 모두 해양영토 분쟁에 현실주의적 이익의 관점에서 임하고 있다. 특히 해양에 대한 접근이 용이해지고 탐사 및 시추 기술이 발전하고 있는 추세이기 때문에 그와 관련된 이익들을 양보하거나 포기하지 못한다. 최근 중국과 필리핀 간에 제기된 황암도(黃岩島/Panatag Shoal) 사건이 그 대표적인 사례이다. 조어도 해역에서의 중·일 충돌 역시 같은 맥락이다.

둘째, 칸트적 수준에서 보면, 한국이 일본에 도덕적인 해결을 바라고 있기 때문이다. 동아시아에서 진행되고 있는 영토 분쟁의 상당 부분은 식민지전쟁과 관련이 있고, 그 중심에는 일본이 있다. 때문에 한국의 입장에서는 전범국 일본에 대해 도덕적 책임을 물을 수밖에 없다. 중·일 간의 조어도(釣魚島/尖閣列島) 문제도 이와 같다. 문제는 전범국 일본의 태도이다. 일본은 국가이익과 도덕을 분리한다는 기본입장을 고집하면서 자국 역시 피해국이라고 인식하고 있다. 특히 일본 스스로 전쟁범죄에 대한 죄의식이 없기 때문에 한국의 도덕적 요구에 대해 무반응하다. 오히려 정치지도자들의 야스쿠니 신사 방문 등을 통해 한국의 도덕적 책임 요구를 묵살하고 있다.

셋째, 그로티우스적 수준에서 보면, 그 해결책이 실효성을 가지지 못하기 때문이다. 국제법 자체의 한계와 불완전함도 한 원인이고, 국제법의 적용과 효력이 강제성을 가지지 못한다는 점도 한 원인이다. 국제사회에서 국제법이 국가를 강제할 수 있는가 하는 문제와 현행 국제법체계가 공정한가 하는 문제와, 국제법 적용 절차의 합법성이나 공정성에 대한 문제가 동시에 얽혀 있다. 특히 해양영토 분쟁은 사례마다 국제법적 쟁점이 서로 다르기 때문에 국제법의 적용 자체가 불가능한 상황이다. 더군다나 독도 문제에는 〈샌프란시스코 강화조약〉, 얄타 회담, 〈포츠담 선언〉 등의 법적 효력과 적실성 문제가 함께 제기되고 있다. 그래서 이를 단순히 국제사법재판소(ICJ)나 중재기구의 중재에 의해 처리할 수도 없는 상황이다.

넷째, 독도 문제의 이면에는 정치적 문제가 내재되어 있기 때문이다. 실제 독도 문제에는 미일안보조약이 내재하며, 미일동맹, 한미동맹으로 이어지는 동맹국 체인이 얽혀 있다. 그리고 적대적 상대로 중국, 러시아 등이 설정되어 있다. 일본이 현재 해양영토 분쟁을 벌이고 있는 곳은 독도뿐만이 아니다. 러시아와는 쿠릴/북방 도서, 중국과는 조어도/센카쿠, 충지조도/오키노도리시마 등 해역에서 해양영토 분쟁을 진행하고 있다. 일본은 경쟁이냐 협력이냐의 문제를 둘러싸고 벌어지는 역내 패권경쟁의 구도하에서 영토 분쟁이라는 이슈를 적절한 정치적 수단으로 활용하고 있다. 특히 해양영토 분쟁의 과정에 미국과 러시아라는 군사대국이 개입하고 있기 때문에 게임은 갈등적 양상으로 전개될 수밖에 없다. 아직 한국과 일본 사이에는 독도 문제가 군사적 충돌로 이어지지는 않았지만 일본 국민들의 상당수가 한국을 군사적 위협 대상국으로 인식하고 있다.

독도가 가진 이러한 종합적인 성격의 문제들 때문에, 지금까지 많은 연구들이 진행되었지만 문제 해결을 위한 획기적인 방안을 도출하는 데는 한계가 있었다.

당사국인 한국과 일본뿐만 아니라 유사한 사례를 가지고 있는 중국과 러시아를 비롯하여 서구사회에서 관련 연구들이 진행되고 있다. 관련된 학문적 영역도 세분화되어 이들 문제에 다양하게 접근하고 있다. 예전까지는 역사적·국제법적 접근이 중심이었지만, 지금은 독도역사학, 독도정치학, 독도경제학, 독도지정학, 독도생태학, 독도지질학, 독도해양학, 독도정책학 등으로 다변화되고 있다. 접근 방법도 독도 문제를 해결하기 위한 목적성 연구에서 독도 자체에 관한 연구들로 확대되고 있다. 특히 독도의 지정학, 독도의 생태 등은 독도와 관련하여 다양한 학문 성과들을 생산해 내고 있다.

아직까지 독도 관련 연구들을 집대성하여 하나의 독자적 학문영역으로 정립시키려는 시도는 없었다. 변명하자면, 독도 연구자들의 절대 수가 적다는 점, 한정된 자료 때문에 연구의 깊이가 일천하다는 점, 연구자들이 자신의 세부전공 분야에 연구력을 집중하고 있다는 점, 일본의 논리에 대응하는 수준에서 연구가 진행되어 독자적 논리 개발이 미흡했다는 점, 연구에 대한 사회적 관심과 정부 투자가 부족하다는 점 등을 그 이유로 들 수 있다. 때문에 지금까지의 연구 성과들을 바탕으로 독도 중심의 독도 연구를 진행해야 할 시점이 되었다. 필자는 그 연구의 명칭을 '독도학'으로 하는 것이 마땅하다고 생각한다.

독도는 영토 분쟁 지역이 아니라 분명한 '대한민국의 영토'이다. 따라서 독도 분쟁이라는 용어는 없다. 지금 우리가 해야 할 작업은 영유권 문제를 넘어 독도가 200해리 배타적 경제수역을 가지는 완전한 '대한민국의 독도'가 될 수 있도록 조건을 갖추는 것이다. '독도학'이 절실하게 필요한 이유이다. 대한민국의 섬 독도가 유엔해양법협약이 규정하고 있는바, 해양과 생물, 무생물에 대한 배타적 권리를 가지는 섬이고, 그 권리는 대한민국이 행사한다는 것을 보여야 한다. 그리고 이 권리를 제삼국의 방해

없이 실행하기 위해서 독도의 법적 지위, 역사적 권원 등에 대한 진실을 드러내야 한다. 합리적이고 합법적인 방법과 수단을 통해서 독도에 대한 대한민국의 영유권을 증명해야 하며, 국민적 인식, 제삼국의 인정을 확보하여 '독도는 대한민국의 영토'임을 보편적인 사실로 일반화시켜야 한다. 본 서의 제목을 '독도학'으로 정한 것은 그 때문이다. 앞으로 독도를 연구하는 강호제현의 관심과 도움을 청한다.

2014년 5월

이정태

목 차

제1부_독도학 총론

제1장 인간과 공간, 그리고 독도학

제2장 대한민국 정부의 독도 인식

제3장 독도 정명(正名)

제4장 독도 문제의 자초지종

제1장
인간과 공간, 그리고 독도학

1. 인간과 공간

인간과 공간은 불가분의 관계이다. 인간 존재는 본질적으로 공간에 종속되어 생존을 도모하는 일종의 기생충이다. 인간을 중심으로 서술된 역사를 보면, 그것은 복잡하게 얽힌 미로 같다. 하지만 이를 간단히 정리하면 '공간을 둘러싼 쟁탈전'으로 축약된다. 이는 국가도 개인도 마찬가지이다. 국가의 성립과 멸망이 공간의 확보, 상실과 관련된 권력관계인 것처럼 개인의 삶도 공간의 문제이다. 인간이 생후 최초로 접하는 공간은 그의 부모가 구축한 공간이지만 그 속에서 인간은 끊임없이 자신만의 공간을 확보하기 위해 애쓴다. 형제가 많은 경우, 더 치열한 경쟁을 경험한다. 그리고 일정 기간이 지나면 애벌레가 고치를 만들듯 독립적인 공간을 준비하게 되며, 실패하는 자는 생존경쟁에서 도태된다. 일단 안정된 독자 공간이 확보되면, 나머지 시간 동안에는 그 공간을 확장하는 데에 매진하게 되며, 일정 시기가 되면 죽음과 동시에 공간 상실을 맞이한다.

이렇듯 인간에게 공간은 필수불가결의 조건이다. 인간의 역사가 공간을 구획하고 넓혀 가는 과정이라면 국가와 공간의 관계 역시 마찬가지다. 국가도 인간의 조합이 만든 유기체의 하나라는 점에서 개인이 그러하듯

공간은 국가에 절대적인 조건이다. 국가론의 이론적 언급들을 빌리지 않더라도, 국가 구성 요건 가운데 가장 기본적인 조건이 공간이라는 사실은 모든 이가 동의하는 바이다. 따라서 공간은 국가의 필수조건이고 본질인 동시에 목적이고 지향이 될 수밖에 없다. 독도 문제의 본질은 바로 이것이다. '대한민국의 공간'인 독도와 이 당위의 사실에 대한 의심 내지 약탈 의도가 빚어낸 말썽들이다. 이 사실에서 '독도학'은 출발한다.

2. 국가와 영역

독도 문제는 궁극적으로 영역과 경계의 문제이다. 영역과 그 영역을 둘러싼 경계 문제는 인류역사가 가장 오랫동안 다루어 왔던 과제이고 앞으로도 지속적으로 풀어야 할 숙제이다. 지금까지 진행된 관련 연구 성과들도 방대하다. 관련 개념들을 보면 헤아릴 수 없을 만큼 복잡하고 용어 또한 다양하게 표현되고 있다.[1] 경우에 따라서는 구획의 시기와 주체, 그리고 기준에 따라 전쟁 촉발의 원인이 될 정도로 민감한 문제도 있다. 이는 개념에 따른 현실적 이익의 차이가 크다는 방증이다.[2]

동서양을 막론하고 근대 이전에는 영역에 대한 경계 인식, 즉 국경선(frontier line)의 개념체계가 존재하지 않았다. 그리스-로마 도시국가 시대나 로마제국 시대에는 모두 보편주의적 국가관, 코즈모폴리턴적 세계관 내지 우주관, 그리고 광역주의적 영역관 내지는 계역관이 당시대의 세

1 영역과 경계에 관한 용어로 'frontier, boundary, a frontier line, political boundaries, international frontiers, border area, borderlines, border seams' 등등이 있다.

2 커즌(G. N. Curzon)의 『국경(*Frontier*)』(1907) 서두에 보면, 국경 정책은 어떤 다른 정책보다 우선시되는 '실제적인 중요성'을 가지며, 정치적·경제적인 어떤 문제보다도 국민의 평화와 전략전술에 지대한 영향을 끼친다고 언급되어 있다.

계질서를 지배했다. 그리고 이 같은 관념은 그리스-로마 문명권에서만 보편타당한 것으로 간주되었다. 로마인들은 이방인(the barbarians)과 외국인을 야만인으로 취급했고, 이방인들 역시 로마법을 인정하지 않았다. 필립슨(Coleman Phillipson)의 『국제법과 고대 그리스 로마의 관습(*The International Law and Custom of Ancient Greece and Roma*)』(1911)에는 이러한 상황이 잘 설명되어 있다. 이방인과 로마인들은 지리적 여건이나 풍토와는 전혀 관계없이 서로 적과 같은 존재로 인식하는 세계관 속에 살았다. 때문에 국경은 정복에 의해 언제든지 변할 수 있는 유동적 개념(floating frontiers)이었고, 변경지역에 대한 경계 인식은 로마와 비로마의 구분이 아니라 로마인 공동체와 이방인 공동체의 인식 구분이었다.

이에 비해 아시아 지역에서의 국경 및 변경 문제는 유럽과 그 양상이 전혀 달랐다. 왜냐하면 수천 년 역사 동안 아시아 지역의 국경은 비교적 단순했고, 국경 획정을 둘러싼 분쟁이 존재하지 않았기 때문이다. 실제 아시아 지역에는 국경 획정 게임과 관련된 규칙들이 적고 국가들이 대응에 익숙하지 않은 면이 있다. 현재 아시아 지역에서 진행 중인 변경지역 문제나 국경 획정 문제의 대부분이 유럽열강들의 작품이라는 사실에서도 잘 알 수 있다. 독도 문제도 같은 선상에 있다. 유럽열강의 아시아 진출과 철수 과정에서 만들어진 찌꺼기라는 점, 애초에 아시아 국가들은 영역과 경계 획정 게임에 익숙하지 않았다는 점이 같은 맥락이다. 만약 우리가 서구적 개념의 국경 개념과 게임의 규칙에 익숙했다면, 설혹 일제 강점기 36년 동안의 권력 공백기가 있었다고 하더라도 독도는 지금과 같은 상황에 처하지 않았을 것이다.

국가의 영역과 경계에 관한 논의는 김홍철의 연구(『국경론』, 1997)에서 종합적이고 체계적으로 정리되어 있다.[3] 정치지리학의 시조라 불리는 라

3 프레스콧(Prescott J. R. V.)의 국경 연구도 돋보인다. 그는 『국경 및 변경 지리학(*The*

첼(Friedrich Ratzel)의 『정치지리학(*Politische Geographie*)』(1897)에서부터 로제나우(James N. Rosenau)의 『세계 변화와 이론적 과제(*Global Changes and Theoretical Challenges*)』(1989)까지 망라되어 있다. 라첼의 경우는 국가의 영역 구분선을 변경지대(border area), 정치적 경계(political boundary)로 나누어 설명하고 있다. 일반적으로 국가의 경계는 바다와 육지, 해안과 연안지대, 강과 육지, 산과 평야, 산림과 초원, 축조된 벽 등 '구분되는 상이함'을 기준으로 구획된다. 그 외에 육안으로 확인할 수 없어서 지도상 추상적으로 표현될 수밖에 없는 지역은 변경지대라고 한다. 이 경우에는 선(line)이 아니라 구역(seam, zone)으로 정의된다.

정치적 경계는 조약이라는 인위적 수단을 통해 인구의 이동을 완벽하게 통제할 수 있을 경우에는 선(line)으로 구획할 수 있지만, 실제로는 비현실적인 경우가 많다. 따라서 정치적 경계의 개념을 대입하면 언어, 문화, 종교 및 경제적 제반 문제를 고려한 경계지역(boundaries area)의 개념을 도입해야 하는데, 이 과정에서 예리한 선(sharp line)이 공간적 간극(spatial width)으로 확대되기도 한다.

라첼은 자연경계론과 정치적 경계론을 일치시켜 둘을 동일시하였다. 이유는 변경지역은 양국 간의 중요한 사업장이며, 상호 간의 물자 교류뿐만 아니라 문화적·지적 교류의 사업장이기도 하다는 생각 때문이다. 따라서 변경은 선이 아닌 구역의 개념이며 유동적이고 불확정적인 것이 된다. 그러나 역사적 사례들을 보면, 경계선이 명확하지 않은 변경지역에서 분

Geography of Frontiers and Boundaries)』(1965), 『변경과 국경(*Boundaries and Frontiers*)』(1978) 등의 저작들을 수정·보완해서 『정치국경론(*Political Frontiers and Boundaries*)』(1987)으로 정리하였는데, 국경 개념의 제 문제를 집중적으로 고찰한 것으로 평가받고 있다. 그 외에도 여러 학자들(S. B. Jones, Eric Fischer, W. J. Cahnman, Richard Hartshorne, Norman J. G. Pounds, Stephen B. Jones, Jullian V. Minghi, Robert Solomon, Robert Sevrin 등)이 관련 연구를 진행했다.

쟁이 발생하는 경우가 많다.

플라노(Jack C. Plano)와 올튼(Roy Olton)은 이들 영역 관련 개념을 정리하여 다음과 같은 기준을 제시했다. 첫째, 영역(boundaries)은 한 국가의 영토적 관할, 지배권이 행사되는 한계범역(the limits)이다. 둘째, 문화적 차이를 경계, 분리의 근거기준으로 삼기도 한다. 셋째, 역사적이고 정치적 고려에 의해 만들어진다.[4]

국제법, 국제조약, 유엔해양법협약 등의 논의를 차치하고서라도, 플라노와 올튼의 논리를 적용하면 독도는 분명 대한민국의 영역이다.

우선 대한민국은 현재 시점에서 장기적으로 방해받지 않고 영토적 관할권과 지배권을 행사하고 있다. 일본이 주기적이고 간헐적으로 항의와 도발을 하고 있지만, 그 정도는 관할권과 지배권을 방해할 수준은 아니다. 영토 분쟁 문제의 심각성과 실제 정황을 고려하면, 일본의 행위는 의사 표시 정도에 불과하다. 때문에 독도는 대한민국의 한계범역 내에서 대한민국 정부의 지배를 받는 영역이다.

문화적 차이라는 관점에서는 재고할 필요가 없다. 독도 주민 김성도 이장과 부인 김신열 씨가 평소 한국어로 의사소통을 하는 한국인이기 때문이다. 인간을 중심으로 하지 않더라도 독도견 삽살개도 한국산이며 한국어에 반응하고 있다.

플라노와 올튼이 말한 세 번째 조건인 '역사적이고 정치적인 고려'를 적용하더라도 독도는 대한민국의 영역이다. '역사적인 고려' 부분에 대한 일본의 주장들도 있지만, 식민지 침략을 감행한 일본의 논리가 어불성설이라는 것은 특정 제삼자의 증언을 듣지 않더라도 모두가 알고 있는 상식이다. 일본의 착각은 역사 분석에 서구모델을 차용한 데서 비롯되었다.

4 Jack C. Plano & Roy Olton(1982), *The International Relations Dictionary.*

동아시아에 존재하는 분명한 '역사적 사실'이 있음에도 불구하고 엉뚱한 논리로 사실을 재구성하려는 것이다. '정치적인 고려' 면에서도 대한민국이 독도 관할권을 가질 수밖에 없다. 한국 정치의 불안정성과 파벌이나 정권의 교체와 관계없이 독도에 관해서는 우리나라의 어떤 정부든지 일관되고 명시적으로 독도 영유권을 표명했다. 이승만 정부의 '이승만 라인' 설정, 박정희 정부 시기의 한·일 국교 정상회담을 비롯해서 최근 노무현 정부에서 대통령이 직접 "독도는 대한민국은 땅입니다."라고 공표한 것이 그 예이다. 또 이명박 정부 시기에는 대통령이 직접 독도를 방문하고 해양경비대를 위로한 바 있다.

3. 대한민국과 독도, 독도학

대한민국 헌법 제3조에는 "대한민국의 영토는 한반도와 그 부속도서로 한다."라고 규정되어 있다. 이는 대한민국의 공간적인 존립 기반을 선언한 것이다. 국가에 있어 공간은 존립의 기반이기 때문에 어떤 세력이나 개인이든 대한민국의 영토를 침범하거나 그것의 변경을 시도하는 것은 대한민국을 부정하는 것이고 대한민국의 법질서를 부정하는 것이 된다. 때문에 한반도와 부속도서에 포함된 '독도'에 대한 도발은 독립된 주권국가 대한민국을 인정하지 않는다는 의미가 된다. 역으로 '독도'가 없는 대한민국은 성립될 수가 없는 것이다.

현재의 한반도와 부속도서의 범위는 역사적으로 확정된 바이다. 독도는 삼국시대 때부터 영유권을 가졌다는 역사기록을 가지고 있으며, 현재의 분단 체제 내에서도 한반도와 그 인근 도서를 모두 아우르는 권역에 대한 이해는 양쪽 정권에 공히 합의됨이 묵시적으로 이루어져 있다. 때문에 영유권을 비롯한 독도에 관련된 제반 연구는 '대한민국의 영토인 독도'에 관한 학문으로서 마땅히 '독도학'이라 칭해져야 한다.

'독도학'이라는 단어를 한컴오피스 최신판에서 타이핑하면 한글 맞춤법상 맞지 않다고 붉은 선으로 표시된다. 이는 대한민국의 학문 분야에 '독도학'이 아직 존재하지 않고, 독도학 용어의 검색빈도가 낮다는 것을 방증한다. 특정 연구 영역이 '학(學)'으로 성립하려면 관련 전문가인 '대가(大家)'들이 있어야 하며, 그들을 중심으로 광범위하고 심도 깊은 연구가 진행되어야 하고, 그 결과물들이 축적되어야 한다. 그리고 연구 영역을 중심으로 다양한 주제들이 공론화되고 축적된 경험을 토대로 이론적 틀이 형성되어 다양한 분야가 자생하여, 또 다시 해당 주제들에 대한 전문가들의 탐학이 진행될 때, 비로소 '학'으로서의 자격을 갖추게 된다.

학문이란 가치를 가지는 것에 대해 의미를 부여하고 연구하는 것을 말한다. 예를 들어, '한국학'은 한국정치학, 한국경제학, 한국사회학, 한국지리학, 한국지질학 등 수많은 영역의 연구 결과가 만들어 낸 수확물이다. 그런 점에서 이제 '독도학'도 독립된 학문으로 정립되어야 할 시기이다. 독도정치학, 독도경제학, 독도사회학, 독도역사학, 독도법학, 독도생물학, 독도지리학, 독도지질학 등의 연구 성과가 독도학으로 응결될 시점이 된 것이다. 독도에 관한 다양한 연구 성과들이 독립학문의 영역으로 승급될 수 있는 수준이 된 것은 그만큼 독도에 대한 연구자들의 사랑과 관심이 크다는 것을 뜻한다.

본 서에서는 다음의 몇 가지 전제조건을 달고 '독도학'을 열고자 한다.

첫째, 독도학은 '땅은 그 땅에 사는 사람들의 것'이라는 자연법적 당위성을 근거로 한다.

둘째, 독도학은 '대한민국 경상북도 울릉군 울릉읍 독도이사부길, 독도

안용복길(독도리 1-96번지, 우편번호 799-805)'이라는 길명 주소와 우편번호를 가지고 있는 '독도'에 관한 학문이다.

셋째, 독도는 북위 37도 14분, 동경 131도 51~52분에 위치하며, 대한민국이 영유권을 가지는 완전한 섬(island)이다.

넷째, 독도학의 연구 대상은 독도에 살고 있는 모든 생명체와 무생물이다.

다섯째, 독도학의 범위는 독도와 관련된 정치, 경제, 역사, 법, 사회, 행정, 문학, 예술, 스포츠를 비롯하여 지리, 지질, 생태, 환경 등 학문 영역을 포괄한다.

독도는 역사 이래 한반도에 사는 사람들이 거주하고 이용해 온 땅이고, 지금도 이곳에서 다수의 한반도 사람들이 거주하면서 경제생활을 영위하고 있다. 대한민국에서는 독도 주민들의 편의를 위해 독도 관리소를 설치하고 행정요원을 파견하고 있으며, 주민들의 안전을 위해 해양경찰을 주둔시키고 있다. 현재 독도를 관리하고 있는 김성도 이장 부부는 어업 종사와 독도카페의 운영으로 생계를 유지하고 있다. 일제의 침탈 기간 동안 잠시 관할권을 상실했지만, 일본의 패망과 함께 관할권을 회복한 이후 지금까지 독도는 대한민국 사람이 살고 이용해 온, 대한민국의 영역이다. 그래서 독도는 '대한민국 영토인 독도를 연구하는 학문'으로서의 '독도학'이 성립하기 위한 필요충분조건을 가지고 있다.

공력이 일천한 필자가 감히 '독도학'을 열려고 하는 것은 만용일지 모른다. 하지만 언제가 되든 우리들 중 누군가가 해야 할 일이라 생각한다. 그래서 필자가 용기를 내었다. 연구에 앞서 한 가지 분명하게 전제되어야 할 바는 독도가 분쟁 지역이 아니듯 독도학도 분쟁의 학문이 아니라는 점이다. 일본의 논리에 현혹되어 반박 논리를 생산하는 데 힘을 낭비할 필요가 없다. 독도가 가진 사실과 현황을 진솔하게 기술하고 설명하면 된다. 그리고 다양한 시각에서, 다양한 분야에서 독도를 연구하고 탐구하여 독도가 가진 가치를 올곧게 밝혀 내는 것을 본 학문의 목적으로 삼고자 한다.

관념이 우리의 경험을 벗어나 완전한 독립성을 구축하지 못한다는 아인슈타인의 말처럼 독도 논쟁은 독도를 떠나서는 존립할 수 없다. 이는 인체의 형상이 있어야 옷이 존재하는 것과 같은 이치이다. 그리고 대한민국의 독도 연구자가 명심해야 할 것은 독도가 대한민국의 땅이라는 것은 자연법칙에 의해 증명된다는 사실이다. 기하의 근본원리라고 하는 '합동의 정리(theorems of congruence)'를 독도라는 공간에 적용해 보자. 우리가 어떤 물체 A에 다른 물체 B, C…을 덧붙여서 새로운 물체를 만들 수 있는데, 이를 'A'의 연속이라 부를 수 있다. 또한 우리는 어떤 물체 A를 다른 물체 X와 접촉시켜서 A를 연속시킬 수 있다. 그러면 A의 연속으로 만들어지는 전 대상의 집합을 생각할 수 있고, 이는 '물체 A의 공간'이 된다. 따라서 모든 물체는 임의로 택한 물체 A의 공간 속에 존재한다는 것은 분명 참이다.[5] 결국 기준체(body of reference) 또는 기준공간(space of reference)의 문제이다. 만약 우리가 독도를 기준체로 삼는다면 독도에 접한 동해와 울릉도, 그리고 한반도는 독도의 공간인 것이고, 역으로 한반도에 인접한 울릉도, 울릉도에 인접한 독도는 한반도의 공간이 되는 것이다. 그리고 독도가 만든 공간은 공간의 개념에 정의된 삼차원의 영역, 즉 영토·영해·영공이 포함된 완전한 공간이 되어야 한다.

이러한 독도 중심의 독도학이 정립되어야만 일본의 착각, 국제사회의 오해를 불식시킬 수 있으며, 대한민국의 독도를 연구하는 독도학으로 정착되어, 지속적으로 발전할 수 있을 것이다.

5 알베르트 아인슈타인, 고중숙 옮김, 『상대성이란 무엇인가』(김영사, 2011), pp. 43~44.

제2장
대한민국 정부의 독도 인식

대한민국은 정부가 수립된 이래로 어느 정권에서도 역사적·지리적·국제법적으로 독도가 대한민국의 영토라고 인식해 왔다. 현재 대한민국 정부도 마찬가지다. 최근 정부는 외교통상부 홈페이지를 통해 독도에 대한 기본 입장을 다음과 같이 밝히고 있다.[6]

> 독도는 역사적, 지리적, 국제법적으로 명백한 우리 고유의 영토입니다. 독도에 대한 영유권 분쟁은 존재하지 않으며, 독도는 외교 교섭이나 사법적 해결의 대상이 될 수 없습니다.
> 우리 정부는 독도에 대한 확고한 영토주권을 행사하고 있습니다. 우리 정부는 독도에 대한 어떠한 도발에도 단호하고 엄중하게 대응하고 있으며, 앞으로도 지속적으로 독도에 대한 우리의 주권을 수호해 나가겠습니다.
>
> \- 외교통상부 홈페이지 게재 글 중에서

6 외교통상부 홈페이지(http://www.mofat.go.kr), 2013년 2월 검색, http://www.mofat.go.kr/press/hotissue/dokdo/20090312/1_7946.jsp.

1. 역사적 권원 인식

역사적 사실과 관련한 문헌자료들은 고지도를 비롯하여 다양하다. 그 가운데 외교통상부가 적시하고 있는 문헌은 조선 초기 관찬서인 『세종실록(世宗實錄)』「지리지(地理志)」(1454)이다. 내용에는 울릉도(무릉)와 독도(우산)가 강원도 울진현에 속한 두 섬이라고 기록되어 있다. 두 섬이 6세기 초엽(512), 신라가 복속한 우산국의 영토라고 기록되어 있어서, 독도에 대한 통치 역사를 신라시대까지 거슬러 규명할 수 있다. 독도에 관한 기록은 『신증동국여지승람(新增東國輿地勝覽)』(1531), 『동국문헌비고(東國文獻備考)』(1770), 『만기요람(萬機要覽)』(1808), 『증보문헌비고(增補文獻備考)』(1908) 등 다른 관찬 문헌에서도 일관되게 이어지고 있는데, 『동국문헌비고(東國文獻備考)』「여지고(輿地考)」(1770) 등의 기록은 독도 귀속을 보다 분명히 해 주는 자료다. 내용에는 "울릉(울릉도)과 우산(독도)은 모두 우산국의 땅이며, 우산(독도)은 일본이 말하는 송도(松島)"라고 기술되어 있다. 즉 우산도가 독도이며 독도가 조선의 영토임이 기록되어 있다.

한국 정부가 제시하고 있는 또 하나의 역사적·법적 근거는 조선과 일본 간의 울릉도 경계 협정 논쟁이다. 독도에 대한 영유권 문제는 17세기에 이미 양국 정부 간 교섭(울릉도 쟁계) 과정을 통해서 울릉도와 그 부속섬 독도가 조선의 영토임이 확인되었다고 한다. 그 내용은 다음과 같다.

17세기, 일본 돗토리번(鳥取藩)의 오야(大谷)와 무라카와(村川)의 양가의 사람들이 조선 영토인 울릉도에서 불법 어로 행위를 하다가 1693년에 울릉도에서 안용복을 비롯한 조선인들과 만나게 되었다. 양가는 일본 정부(에도 막부)에 조선인들의 울릉도 도해(渡海)를 금지해 달라고 청원하였다. 이에 막부가 쓰시마번(對馬藩)에 조선 정부와의 교섭을 지시함에 따라 양국 간 교섭이 개시되었는데, 이를 '울릉도 쟁계'라 한다. 에도 막부는 1695년 12월 25일 돗토리번에 대한 조회를 통해 '울릉도(죽도)와 독도(송도) 모두 돗토리번에 속하지 않는다'는 사실을 확인한 후(「돗토리번의 답변서」), 1696년 1월 28일에는 일본인들의 울릉도 방면 도해를 금지하도록 지시하였다. 이로써 조선과 일본 양국 간의 독도 분쟁은 마무리되었고, 울릉도 쟁계 과정에서 울릉도와 독도가 조선의 영토임이 확인되었다.

또 하나의 역사적 자료는 「태정관지령(太政官指令)」(1877)을 비롯한, 일본 정부의 공식 문서들이다. 이들 문서들에 따르면, 일본이 주장하는 1905년의 〈시마네현 고시 제40호〉에 의한 독도 편입 시도 이전까지는 일본 정부 스스로 독도가 자국 영토가 아니라는 인식을 가지고 있었다. 조선과 일본 간 '울릉도 쟁계'를 통해 독도가 한국 영토임이 확인된 이래, 근대 메이지 정부에 이르기까지 일본 정부는 독도가 자국 영토가 아니라는 인식을 유지하였다. 그 증거로는 1905년 〈시마네현 고시 제40호〉가 있기 전까지 독도가 일본 영토라고 기록한 일본 정부의 문헌이 없고, 오히려 독도가 일본의 영토가 아니라고 기록한 일본 정부의 공식 문서들이 있다는 것을 들 수 있다. 대표적으로, 1877년에 메이지 시대 일본의 최고행정기관이었던 태정관(太政官)에서 작성한 문서가 있는데, 그것이 「태정관지령」이다. 그 내용을 보면, 막부와 조선 정부 간 교섭(울릉도 쟁계) 결과, 울릉도와 독도가 일본 소속이 아님이 확인되었다고 판단하고, "죽도(울릉도) 외 일도(一嶋: 독도)는 일본과 관계가 없다는 것을 명심할 것을 내무성에 지시하였다."라는 내용이 기록되어 있다. 당시 일본 내무성이 태정관에 질의할 때 첨부한 지도인 〈기죽도약도(磯竹島略圖)〉(기죽도는 울릉도의 옛 일본 명칭이다)에 죽도(울릉도)와 함께 송도(독도)가 그려져 있다. 이로 미루어 보아 "죽도 외 일도(一嶋)"의 '일도'가 독도임은 명백하다.

2. 지리적 속도(屬島) 인식

한국 정부는 지리적 인식과 관련해서 다음 두 가지를 근거로 들고 있다. 첫째는 독도가 지리적으로 울릉도의 일부로 인식되어 왔다는 것이다. 독도에서 가장 가까운 울릉도(독도로부터 87.4km 지점)에서는 맑은 날이면 육안으로 독도를 볼 수 있다. 이러한 지리적 특성으로 인하여 독도는 역사적으로 울릉도의 일부로 인식되어 왔다. 고문헌을 통해서도 이를 확인할 수 있는데, 예컨대 조선 초기 관찬서인 『세종실록』 「지리지」(1454)에는 "우산(독도)·무릉(울릉도) … 두 섬은 서로 멀리 떨어져 있지 않아 날씨가 맑으면 바라볼 수 있다."라고 기록되어 있다. 둘째는 이 문헌에 기초하여 조건을 충족시키는 섬이 독도라는 것이다. 울릉도 주변에는 많은 부속도서가 있지만, 날씨가 맑은 날에만 육안으로 보이는 섬은 독도가 유일하다는 것이다.

3. 국제법적 정당성 인식

독도 관리와 관련된 국가 행위가 지속되었다. 대한제국 정부는 〈칙령 제41호〉로 독도를 울도군 관할구역으로 명시하였으며, 울도 군수로 하여금 독도를 관할하게 하였다. 즉, 1900년 10월 27일, 대한제국 정부는 황제의 재가를 받아 울릉도를 울도로 개칭하고 도감을 군수로 승격한다는 내용의 〈칙령 제41호〉를 반포하였다.

〈칙령 제41호〉는 제2조에서 울도군의 관할구역을 "울릉 전도 및 죽도, 석도(石島, 독도)"로 명시하고 있다. 1906년 3월 28일, 울도 군수 심흥택은 울릉도를 방문한 일본 시마네현(島根縣) 관민 조사단으로부터 일본이

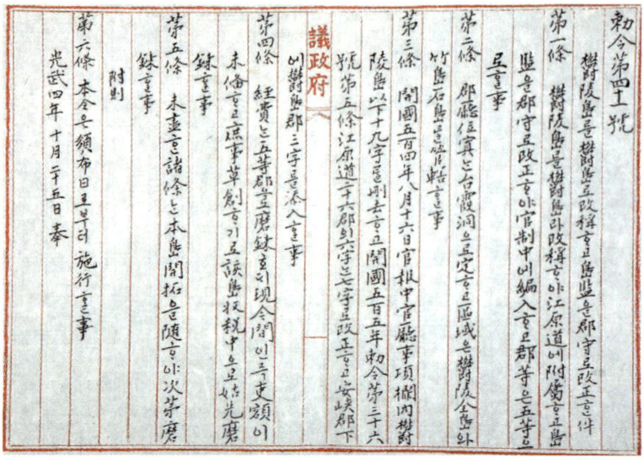
勅令第四十一號
鬱陵島를 鬱島로 改稱ᄒᆞ고 島監을 郡守로 改正ᄒᆞᆫ 件
第一條 鬱陵島를 鬱島라 改稱ᄒᆞ야 江原道에 附屬ᄒᆞ고 島監을 郡守로 改正ᄒᆞ야 官制中에 編入ᄒᆞ고 郡等은 五等으로 ᄒᆞᆯ 事
第二條 郡廳位寘ᄂᆞᆫ 台霞洞으로 定ᄒᆞ고 區域은 鬱陵全島와 竹島石島를 管轄ᄒᆞᆯ 事
第三條 開國五百四年八月十六日 官報中 官廳事項欄內 鬱陵島以下十九字를 刪去ᄒᆞ고 開國五百五年 勅令第三十六號 第五條 江原道二十六郡의 六字ᄂᆞᆫ 七字로 改正ᄒᆞ고 安峽郡下에 鬱島郡 三字를 添入ᄒᆞᆯ 事
第四條 經費ᄂᆞᆫ 五等郡으로 磨鍊ᄒᆞ되 現今間인즉 吏額이 未備ᄒᆞ고 庶事草創ᄒᆞ기로 該島收稅中으로 姑先磨鍊ᄒᆞᆯ 事
第五條 未盡ᄒᆞᆫ 諸條ᄂᆞᆫ 本島開拓을 隨ᄒᆞ야 次第磨鍊ᄒᆞᆯ 事
附則
第六條 本令은 頒布日로부터 施行ᄒᆞᆯ 事
光武四年十月二十五日 奉
議政府

그림 1 대한제국의 〈칙령 제41호〉 문서[7]

독도를 자국 영토에 편입하였다는 소식을 듣고, 이튿날 이를 강원도 관찰사에게 보고하였다. 이 보고서에는 "본군(本郡) 소속 독도"라는 문구가 있어, 1900년의 〈칙령 제41호〉에 나와 있는 바와 같이 독도가 울도군 소속이었음을 명확히 알 수 있다.

당시 강원도 관찰사서리 춘천 군수 이명래는 그해 4월 29일, 이를 당시 국가최고기관인 의정부에 「보고서 호외」로 보고하였다. 의정부는 그해 5월 10일에 〈지령 제3호〉로 독도가 일본 영토가 되었다는 주장을 부인하는 지령을 내렸다. 이에 비추어 보아, 울도 군수가 1900년 반포된 〈칙령 제41호〉의 규정에 근거하여 독도를 계속 관할하면서 영토주권을 행사하고 있었음은 사실임이 분명하다.

일제 강점기 때 한반도 전체에 대한 우리나라 주권 상실의 시기를 제외하고 단 한순간도 우리나라 정부가 독도 영유권을 포기하거나 방치한 적이 없다. 대한민국 정부가 수립된 후에는 초대 이승만 대통령의 '평화선 선언'을 시작으로, 최근까지 독도 영유권 관련 국가 행위를 지속하였다.

7 독도박물관에서 사진자료를 제공받았다.

노무현 정부 시기에는 당시 노무현 대통령이 담화를 통해 “독도는 대한민국의 영토입니다.”라고 공표하였고, 이명박 정부 시기에는 2012년 8월 10일에 이명박 대통령이 직접 독도를 방문하였다.

한국 정부는 일본이 주장하는 〈시마네현 고시 제40호〉(1905)에 의한 독도 편입 주장과 관련해서는 일본의 시마네현 편입 시도는 한국 주권 침탈 과정의 일환이었으며, 한국의 독도 영유권을 침해한 불법행위이므로, 국제법적으로 무효라고 정리한다. 그 내용을 살펴보면 다음과 같다.

1905년 일본은 〈시마네현 고시 제40호〉를 통해 대한제국의 영토이던 독도를 자국 영토로 편입하고자 시도하였다. 당시 일본은 만주와 한반도에 대한 이권을 두고 러시아와 전쟁을 벌이던 중이었다. 그 이전인 1904년 2월, 일본은 대한제국에 ‘한·일 의정서’의 체결을 강요하여 러일전쟁의 수행을 위해 자국이 필요로 하는 대한제국 영토를 자유롭게 사용할 수 있도록 하였다. 일본의 독도 편입 시도는 동해에서의 러·일 간 해전을 앞둔 상황에서 독도의 군사적 가치를 고려한 것이었다. 또한 일본은 1904년 8월에 ‘제1차 한·일 협약’을 통해 한국 정부에 일본인 등 외국인 고문을 임명하도록 강요하였다. 일본은 이처럼 1910년 대한제국을 강제 병합하기 이전에도 우리나라에 대해 이미 단계적인 침탈을 진행해 나가고 있었다.

독도는 이러한 일본의 대한제국 주권 침탈 과정의 첫 번째 희생물이다. 1905년의 일본의 독도 편입 시도는 오랜 기간에 걸쳐 확립된, 타국의 영토주권을 침해한 불법행위이며, 이는 국제법상 아무런 효력이 없다. 1943년 12월에 발표된 〈카이로 선언〉에서는 “일본은 폭력과 탐욕에 의해 탈취한 모든 지역으로부터 축출되어야 한다.”라고 기술하고 있고, 1945년 7월에 발표된 〈포츠담 선언〉도 〈카이로 선언〉의 내용을 이행할 것을 규정하였다.

이와 같이, 한국 정부는 제2차 세계대전 종전으로 독도 영유권을 회복한 이래 확고한 영토주권을 행사하고 있다고 주장한다. 연합국 최고사령부가 1946년 1월의 지령(〈SCAPIN 제677호〉) 및 1946년 6월의 지령(〈SCAPIN 제1033호〉)을 통해 독도를 일본의 통치·행정범위에서 제외했다는 것이다. 따라서 대한민국은 제2차 세계대전 종전으로 주권을 회복함과 동시에 독도에 대한 영유권도 되찾았고, 이는 1951년의 〈샌프란시스코 강화조약〉에서도 재확인되었다. 현재 한국 정부는 독도에 대한 확고한 영토주권을 행사하고 있으며, 주권에 대한 어떠한 도발에도 단호하고 엄중하게 대응하며 지속적으로 독도에 대한 주권을 수호해 나갈 것임을 밝히고 있다.

제3장
독도 정명(正名)

1. 독도의 명칭

독도는 '독도(獨島)'이기 때문에 대한민국의 영토이다. 김춘수 시인의 시「꽃」을 아는 이에게는 그 이유를 설명할 필요가 없다.

꽃

김춘수

내가 그의 이름을 불러 주기 전에는
그는 다만
하나의 몸짓에 지나지 않았다.

내가 그의 이름을 불러 주었을 때,
그는 나에게로 와서
꽃이 되었다.

내가 그의 이름을 불러준 것처럼

나의 이 빛깔과 향기에 알맞은
누가 나의 이름을 불러다오.

그에게로 가서 나도 그의 꽃이 되고 싶다.
우리들은 모두
무엇이 되고 싶다.
너는 나에게 나는 너에게
잊혀지지 않는 하나의 눈짓이 되고 싶다.

독도가 독도인 것은 우리가 '독도'라 불렀기 때문이다. 독도는 이름을 부른 우리에게 다가와 우리의 '독도'가 되었다. 이것은 역사적 근거자료나 법적 증거자료의 존재 여부를 떠나 사람들의 이야기이자 진실이다. 독도에는 또 다른 이름도 많다. 우산도, 간산도, 천산도, 자산도, 가지도, 삼봉도, 석도, 독섬, 죽도, 송도 등이 그것이다. 그 외에도 우리가 상용하지 않는 또 다른 이름도 무수히 많다. 그 모든 이름이 독도를 부르는 이름이며, 우리가 그 이름을 부를 때마다 독도는 한걸음씩 우리에게 다가온 것이다. 땅은 그 땅에 사는 사람들의 것이다. 그러므로 누군가가 글로 명기하고 증거자료를 남기지 않더라도 땅 이름은 그 주인이 누구인지 말해 준다. 잠시 들른 방문객들이 한두 가지 이름을 붙였을 수도 있다. 그렇다고 해서 그 땅의 주인이 바뀌는 것은 아니다. 땅은 그 땅에 이름을 붙이고 그 땅과 공생하면서 그 땅에서 살아온 자들의 것이다. 그러므로 독도는 우리나라의 땅이다.

그럼에도 불구하고 독도의 이름을 두고 왈가불가하는 사람들이 있다. 한국의 여러 문헌에서 독도의 명칭이 혼재되어 있다는 점에 시비를 거는 일본은 한국이 독도를 제대로 인지하지 못하였다고 주장한다. 한국 측의 학자들 가운데서도 독도의 이름이 많은 것을 두고, 단순히 기록 과정에서 오류가 생겨서 그리되었다고 변명하는 이도 있다. 과연 그럴까? 독도가 가진 이름들이 독도를 인식하지 못하였거나 잘못 인식하여 생긴 착오일까?

이들의 오해를 풀기 위해서 필자의 글 한 편을 소개하고 싶다. 「일본 친구에게 보내는 독도 이야기」란 제목의 글이다.

친구야, 최근 너희 일본 정부에서 다케시마(竹島) 홍보 예산을 따로 책정했다는 이야기를 들었다. 참으로 고맙고, 고무적이고, 재미난 일이다. 우선 너희 정부가 말하는 다케시마가 한국 땅 독도를 말하는 것이라면 더욱 고마운 일이다. 한국을 이웃으로 생각하고 이웃나라의 관광지까지 홍보해 주려는 기특함에 감동했다. 너희 일본의 고마운 마음 씀씀이는 분명 동아시아 평화와 한·일 관계 발전에 무척이나 고무적인 일이 될 것이야. 그러나 혹시 너희 정부가 말하는 다케시마가 한국 땅 독도가 아니라면 너희들의 다케시마는 어디에 있니? 이웃국가 한국도 모르는 다케시마를 홍보하는 데 국가 예산을 할당하는 것은 좀 웃기지 않니? 재미있는 일이다. 섬나라 일본에는 대나무를 닮은 '다케시마(竹島)'가 무수히 많을 텐데, 어느 다케시마를 말하는지 알 수 없구나. 알려줄 수 있니?

친구야, 말이 나온 김에 한국 땅 독도를 소개해 줄게. 독도는 얼핏 보기에 뾰족한 바위섬이어서 꿋꿋하게 보이지만, 사실 참으로 외로운 섬이란다. 멀리서 보면 늘 홀로 서서 사시사철 푸른 대나무 같지만, 그렇지 않아. 선박의 접안이 가능한 봄, 여름철에는 그나마 사람 소리도 들리고, 괭이갈매기도 재잘대고, 기화이초들의 함박웃음도 피어나지만, 늦가을 찬바람이 불고 바다가 일렁대기 시작하면 이 모든 것은 거친 파도에 묻혀 버린단다. 포세이돈의 심술과 위세가 사람도, 새도, 꽃도 꼼짝 못하게 만들고 나면 독도는 혼자서 망망대해 동해, 끊임없이 몰아치는 파도, 부서지는 은백색 포말을 혼자서 맞는단다. 섬을 통째 삼킬 것 같은 파도가 덮쳐도 그냥 그 자리에서 있을 수밖에 없단다. 그러고는 묵묵히 친구들이 찾아오게 될 봄을 준비한단다. 친구야, 그래서 우리는 외로운 섬 친구를 독도(獨島)라고 부르는 것이란다. 이름을 붙여 준다고 친구의 외로움을 덜어 줄 수는 없을 테지만 늘 함께하고 있다는 마음의 표시야. 친구도 기회가 되면 다른 일본 친구들과 함께 독도를 찾아 주렴. 동도에 마련된 선착장에 상륙하면 너희가 독도를 다케시마(竹島)라고 부르는 것이 얼마나 어불성설(語不成說)인지 알 수 있을 것이야.

우리 어르신들의 말씀에 따르면, 독도는 오랜 옛날부터 인기가 많아서 이름도 별명도 여러 가지란다. 우산도(于山島), 간산도(干山島), 자산도(子山島), 천산도(千山島), 가지도(可支島), 삼봉도(三峰島), 돌섬(石島) 등 참으로 다양하지. 어떤 사람들은 독도의 이름이 많은 것을 두고 제대로 된 이름조차 가지지 못한 방증이라고 하지만, 곰곰이 새겨 보면 그렇지 않아. '우산도'는 '우(于)'가 어조사로 그 섬이 산에서 비롯된 섬이란 뜻이고, '간산도'는 '간(干)'이 뿌리라는 의미로 그 섬이 산을 뿌리로 가진 섬이란 뜻이며, '자산도'는 '자(子)'가 아들이란 의미로 그 섬이 산의 아들인 섬이란 뜻이고, '천산도'는 '천(千)'이 많은 숫자를 나타내는 말로 그 섬이 수많은 해산 중의 하나라는 의미야. 도대체 무슨 말인지 얼핏 들어서는 이해할 수 없겠지. 그런데 동해의 바닷물을 빼 보면 설명하지 않아도 쉽게 알 수 있어. 독도는 작은 바위섬처럼 보이지만, 실제로는 250만~460만 년 전에 만들어진 엄청나게 큰 해산의 일부분이야. 세월이 흐르면서 풍화, 침식되어 지금과 같은 작은 바위섬으로 남았지만, 여전히 수면 아래에는 큰 산이 존재하고 있어. 그래서 그런 이름들이 붙은 것이고, 이름이 여러 개인 것 같지만 사실은 독도와 해산의 관계를 지칭한다는 점에서 모두 같은 의미를 지닌 이름이야.

그러면 친구가 의아해할 게 한 가지가 있을 거야. 다양한 이름을 붙일 정도로 해산의 존재를 보편적으로 알고 있었다면, 어떻게 그것이 가능했을까 하는 문제이지. 당시 과학적 관측 장비나 해저 탐사 기술이 전무했다는 점을 고려하면, 불가능한 것이 당연하지. 그러나 상식선에서 간단하게 설명할 수 있어. 당시 독도에서 어로 작업을 하던 어부들의 상황을 생각해 보렴. 어부들이 독도와 인근 해역에서 어로 작업을 하였고, 전복과 소라가 어디에서 서식하는지도 알게 되었겠지. 전복은 미역을 먹고 자라니까 전복이 있는 곳에는 미역이 있고, 미역은 바위에 붙어서 자라니까 미역이 자랄 수 있는 곳은 육지가 형성된 곳이었겠지. 그래서 독도 밑에 존재하는 해산의 존재를 확인했고, 독도가 거대한 해산의 일부분이라는 것은 알 수 있었던 거지. 독도에서 일정 범위를 벗어나면 미역도, 전복도, 고기도 없었기 때문에 독도 아래에 존재하는 해산의 규모도 추측할 수 있었던 것이지.

친구야, 외로운 섬 독도가 그토록 많은 이름을 가지게 된 이유와 이름의 의미를 알 수 있겠지? 여러 이름을 붙일 만큼 많은 사람들이 독도를 찾고, 삶의 터전으로 삼았다는 사실을 기억해 주렴. 친구야, 땅은 원래 그 땅에 사는 사람이 주인이어야 하잖아. 그것은 자연물의 하나인 인간으로서 무시해서는 안 될 당위이자 자연법칙이야. 과거 일본 정부가 〈시마네현 고시 제40호〉를 통해 독도를 일본 땅으로 편입하면서 '무주물'이었다고 설명한 적이 있는데, 그것은 당시 위정자들이 독도가 가진 이름과 별명들을 몰랐기 때문일 거야. 친구야, 금이 간 수레바퀴를 방치하면 결국 마차가 전복되지. 잘못된 역사도 마찬가지이다. 이제라도 망가진 부분을 고쳐서 제 궤도에 올려놓지 않으면 일본(日本)을 '일몰(日沒)'이라고 부르게 되는 날이 올 수도 있어. 부탁해, 친구. 독도는 아주 오랜 옛날부터 우리의 텃밭이고 생활공간이었다는 사실과 우리가 들려주는 독도의 이름 이야기를 다른 일본 친구들에게도 꼭 전해 주렴.

지금까지 독도 명칭에 관한 다양한 연구가 진행되어 왔다. 그 가운데 신동욱 교수의 연구가 독보적이다.[8] 그는 고대 선인들이 불렀던, 독도의

8 신동욱 교수(1907~1975)의 연구 업적은 고인의 차남인 신태용이 정리하여 출간하였다.

다양한 명칭들의 유래를 분석하였다. 이를 바탕으로 하여 여러 가지 독도 명칭의 유래를 살펴보자.

독도를 '독섬'이라고 부른 것은 당시 지역에 살던 선인들이 속칭(俗稱)으로 섬의 모양이 독(甕, 옹기)과 닮았다고 하여 붙인 이름이다. '돌섬(石島)'은 그 섬이 돌로만 이루어져 있었다고 하여 붙인 속칭이고,[9] '가지섬(可支島)'이라고 한 것은 가지가 그 섬에 많이 서식하고 있었기 때문이다. 가지는 강치를 가리키는데, '해려(海驢, Zelop Lobatus)'라는 학명을 가지고 있으나, 이를 알 수 없었던 당시 사람들이 속칭으로 '가지'라 부른 것을 그대로 섬 이름으로 붙인 것이다. 지방에 따라서는 가지를 '강치', '물개(海豹)'라고 하는 곳도 있다.

신동욱 교수의 설명에 따르면, 한 섬에 대하여 여러 명칭이 사용되었다 하여 별로 이상할 것은 없으며, 모두가 독도를 지칭한 이름이라는 사실은 부인할 수 없다. 이러한 명칭들은 민속학적 견지에서 고찰할 때 오히려 수긍되는 점이 많다. 위에서 설명한 바처럼 '독'이나 '돌'은 현재 경상도 또는 강원도 방언(方言)으로 미루어 보아 그 말이 동일한 계통의 속어(俗語)로서 울릉도 지방 주민들에 의하여 불리던 것임에 틀림없다. 지방 주민들의 방언에 따라 사물이나 지명이 여러 종류의 명칭으로 사용되고 속어가 정착화되는 것은 일반적인 문화현상이다.

'독도'라는 명칭은 1906년(광무 10) 3월 5일자 울릉군수(鬱陵郡守)의 보고서에 등장한다. 기록을 보면, "본군소속독도(本郡所屬獨島)"라는 내용이 있다. 이 기록을 통해 우리의 선인(先人)들이 일찍부터 이 섬을 독도

신동욱 교수 작고 33주기를 맞아 "독도에 관한 연구"(1965)와 "독도 영유권에 관한 법이론적 연구"(1968)라는 두 편의 논문을 다듬어 단행본으로 출간하였다. 본 서는 독도 명칭에 관한 부분에서 신동욱 교수의 연구 성과를 많이 활용하였다.

9 신동욱, 『독도 영유권에 관한 연구』(서울: 어문각, 2008), pp. 43~47 참조.

라고 불렀음을 알 수 있다. '가지도', '삼봉도', '우산도', '죽도' 등의 명칭도 독도의 이름이다.

'가지도(可支島)'는 우리나라 고대 문헌인 『증보문헌비고(增補文獻備考)』 권 31 「여지고」 6 우산도(于山島) 울릉도(鬱陵島) 조(條)에 기록되어 있다.

> 山猫大如犬鼠大如猫 海中有大獸 牛形赤眸群無角 群臥海岸 見人獨行害之 遇人多走入水 名可之
> (산고양이는 크기가 개 만하고, 쥐는 크기가 고양이 만하다. 바닷속에는 큰 짐승이 있는데, 소 모양에다 붉은 눈동자를 가졌으되, 뿔은 없다. 해안에 떼 지어 누웠다가 혼자 가는 사람을 보면 해치지만, 많은 사람을 만나면 달아나 물로 들어가는데, 이름을 가지라고 한다.)[10]

이 기록을 보면 강치를 당시의 사람들이 가지라고 불렀음을 알 수 있다. 강치가 많은 섬을 가지도라 명명한 것이다.

'삼봉도(三峰島)'라는 명칭은 『증보문헌비고』 권 31 「여지고」 7에 다음과 같이 기록되어 있다.

> 成宗二年 有告別三峯島者乃遣朴宗元往覓之 因風濤不得到而還同行一船泊鬱陵島 只取大竹大鰒魚回啓云 島中無居民矣
> (성종 2년[1471년]에 이르러, "삼봉도가 따로 있습니다." 하고 고하는 자가 있으므로 곧 박종원을 보내어 찾아보게 하였으나, 풍랑 때문에 가서 이르지 못하고 돌아왔는데, 동행하였던 한 척의 배가 울릉도에 정박

10 『증보문헌비고』, 권 31, 「여지고」 6, 우산도(于山島) 울릉도(鬱陵島) 조(條), pp. 6~8.

하여 다만 큰 대나무와 큰 전복만을 가지고 돌아와서 아뢰기를, "섬 안에는 사는 사람이 없습니다." 하였다.)[11]

'삼봉도'에 관한 기록은 『성종실록(成宗實錄)』에도 나타난다. 성종(成宗) 7년(1476) 10월 27일 정유조(丁酉條)에 병조(兵曹)에서 삼봉도의 발견 경위를 밝히고 이듬해에 문무 재능자를 뽑아 보내자고 하는 내용이 나온다. 여기에 김자주(金自周) 등이 삼봉도(三峰島)를 망견(望見)하고 돌아와, 다음과 같이 보고하는 내용이 나온다.

二十五日西距島七八里許到泊望見則於島北有三石列立 次小島次巖石列立次中島 中島之西又有小島 皆海水通流亦於海島之間 有如人形別立者三十 因疑懼不得直到畵島形
(25일에 섬 서쪽 7, 8리 남짓한 거리에 정박하고 바라보니, 섬 북쪽에 바위 3개가 서 있고, 그다음은 작은 섬, 다음은 암석이 서 있으며, 다음은 중간 섬인데, 중간 섬 서쪽에 또 작은 섬이 있는데 선들 사이로 바닷물이 통합니다. 별도로 사람의 모양을 닮은 바위들이 30개가 서 있었는데, 의심스럽고 두려워서 바로 갈 수가 없어 섬 모양을 그려 왔습니다.)

내용을 보면, '삼봉(三峰)'이라고 한 것은 삼석열립(三石列立)한 섬(독도)의 모양을 보고 명명한 것이며, '인형삼십(人形三十)'은 세 개의 주섬 사이에 존재했던 암석들을 표현했음을 알 수 있다. 문제는 현재 독도에

11 『증보문헌비고(增補文獻備考)』, 권 31, 「여지고(輿地考)」 7. ; 『지봉유설(芝峯類說)』, 권 2, 「지리부(地理部)」 도(島)편 참조.

'삼봉'이 없다는 사실이다. 지금 우리가 보고 있는 독도의 모습은 큰 섬인 동도, 서도와 91개의 암초들로 이루어져 있다. 따라서 '삼봉도'란 명칭을 두고 한국이 제대로 인식하지 못했다는 증거라고 설왕설래가 있는데, 이는 자연이치를 모르고 하는 소리들이다.

독도가 '삼봉도'라고 불린 것은 500년 전의 일이다. 기록에 따르면, 당시 독도는 최소 3개의 큰 섬과 30여 개의 커다란 암초들로 구성되어 있었음이 분명하다. 그런데 지금 그 모습이 달라진 것은 자연현상 때문인 것이다. 지금도 독도는 파도와 해풍에 의해 풍화, 침식되고 있다. 이 사실을 감안하면 지난 500년 동안 지속된 풍화·침식 과정이 섬을 어떻게 변화시켰을지 짐작할 수 있다. 섬의 풍화와 침식의 속도와 관련해서 독도의 변화를 추정할 수 있는 좋은 사례가 있다. 일본과 중국 간에 섬의 법적 지위를 두고 설전하고 있는 충지조도(沖之鳥島, 오키노도리시마)에 관한 기록이 그것이다. 충지조도는 "1933년 만조 시에 북소도와 남소도 사이에 5개의 암석이 수면 위로 돌출되었는데, 풍랑에 마모되면서 1982년에는 4개가 보이다가 1986년에는 북소도와 동소도 2개만 보이게 되었다."라는 내용이다. 그래서 일본은 섬의 소실을 막기 위해 1987년에 암초 주위에 반경 50m의 콘크리트 방호벽을 설치한 것이다.[12] 지금 독도의 모습을 보고 500년 전에 독도를 '삼봉도'라고 칭했다는 사실을 거짓말이라고 하는 것은 기본적인 자연현상조차 이해하지 못한 억지 주장이라는 것을 방증하는 것이다.

'우산도(于山島)'라는 명칭은 『세종실록(世宗實錄)』 권 153 「지리지」 강원도 삼척도호부(三陟都護府) 울진현조(蔚珍縣條)에 다음과 같은 내용 속에 기록되어 있다.

12 이정태, 『신중국의 해권과 해양영토』(서울: 대왕사, 2005), pp. 257~258.

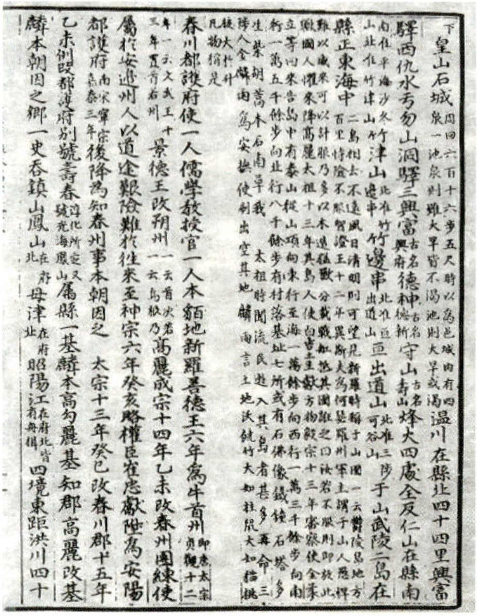

그림 2
『세종실록』「지리지」의 관련 기록

于山武陵二島 在縣正東海中 二島相去不遠 風日淸明 則可望見 新羅時 稱于山國 一云鬱陵島 地方百里 恃險不服 智證王十二年 異斯夫爲何瑟羅州軍主 謂于山人愚悍 難以威來 可以計服 乃多以木造猛獸 …

(우산과 무릉의 두 섬은 울진현 정동쪽 바다 가운데에 있다. 두 섬이 서로 거리가 멀지 아니하여, 맑은 날에는 볼 수 있다. 신라 때에 우산국 또는 울릉도라 하였는데, 넓이가 1백 리이며, 지세가 험함을 믿고 복종하지 아니하므로, 지증왕 12년에 이사부를 하슬라주 군주로 삼아 이르기를, "우산국 사람들은 어리석고 사나워 위엄으로는 복종시키기 어려우니, 가히 계교로서 하리라." 하고는, 나무로서 맹수를 많이 만들어 …)[13]

13 『세종실록(世宗實錄)』, 「지리지(地理誌)」, 강원도 삼척도호부(三陟島護部) 울진현조(蔚珍縣條), 세종 14년(1432).

그림 3 『신동국여지승람』의 우산도 표기 부분

이 기록에 따르면, 당시 울릉도를 혹은 우산국(于山國)이라고 명명했고, 울릉도는 무릉(武陵)과 우산(于山)으로 구성된 것으로 인식했다는 사실도 알 수 있다. 울릉도의 넓이를 '1백 리'라고 한 것은 큰 섬임을 나타내는 것이다. 울릉도와 우산도의 관계를 그리 멀지 않아 맑은 날에 서로 보이는 섬으로 설명한 것으로 보아, 이때 '우산도'는 독도가 맞다. 울릉도에 근접해 있는 섬 죽도는 흐린 날에도 볼 수 있는 거리에 있기 때문에 우산을 죽도로 보기에는 표현이 맞지 않다. 게다가 지금도 맑은 날에는 울릉도에서 독도를 육안으로 볼 수 있다는 점을 감안하면 우산(于山)은 독도이고 울릉도에 속한 같은 섬이었음이 분명하다.

이러한 사실은 『동국여지승람(東國輿地勝覽)』과 『신증동국여지승람(新增東國輿地勝覽)』에도 나타난다.

먼저 『동국여지승람』 권 45 제321면의 다음 기록이 그 증거이다.

> 于山島鬱陵島 一云武陵 一云羽陵 二島在縣正東海中 三峯及業聳空
> (우산도, 울릉도는 하나는 무릉, 또 하나는 우릉이라고 하는데, 두 섬은

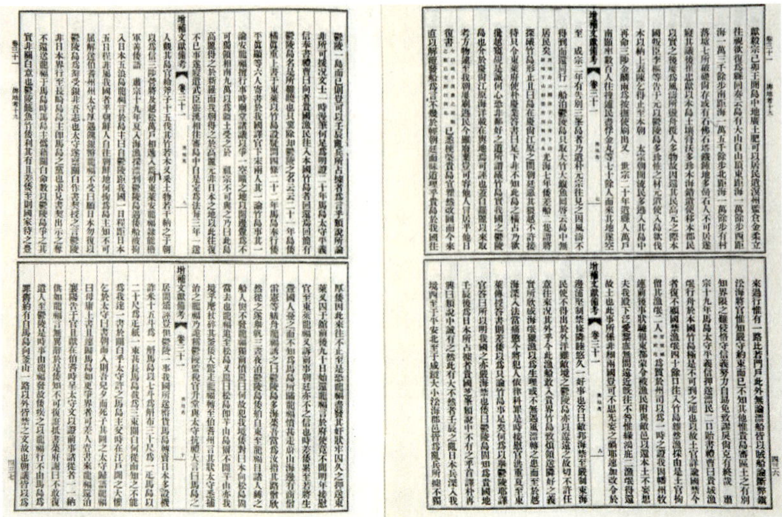

그림 4 『증보문헌비고』의 관련 기록

울진의 정동쪽 바다 가운데 있다. 세 봉우리가 높고 험하며 하늘로 우뚝 솟아 있다.)

여기서 무릉은 넓이가 백 리에 달하는 섬이므로 울릉도가 맞고, 나머지 한 섬인 우산은 독도를 지칭하는 것이기 때문에 우산도(于山島)는 울릉도의 속도(屬島)가 되는 것이다.

『신동국여지승람』의 우산도 표기에도 이와 같은 사실이 잘 나타나고 있다(〈그림 3〉 참조).

『증보문헌비고(增補文獻備考)』 권 31 「여지고(輿地考)」 9에는 이런 기록이 있다.

龍福憤甚走蔚山海邊有商僧雷憲等艤舟 龍福誘之曰鬱陵島多海菜吾當爲汝指其路僧欣然從之遂 擧帆三晝夜泊鬱陵島 倭船自東至龍福目諸人

縛之船人㥘不發 龍福獨前憤罵曰 何故犯我境 倭對曰本向松島固當去也 龍復追至松島又罵曰 松島卽于山島 爾否不聞于山亦我境乎 麾杖碎其釜倭大驚走

(안용복이 분개하여 울산으로 달려가니, 해변에서 장사꾼 중 뇌헌 등이 배를 젓고 있었다. 안용복이 유인하여 말하기를, "울릉도에는 해산물이 많으니 내가 당신들에게 그 길을 가르쳐 주겠다." 하니, 중이 흔연히 따랐다. 마침내 돛을 올리고 3일 만에 울릉도에 정박하였다. 왜선이 동쪽에서 오자 안용복이 눈짓을 하여 결박하게 하였으나 실패하자, 안용복이 혼자 앞으로 나서며 꾸짖기를, "무슨 까닭에 우리 경계를 침범하느냐?" 하니, 왜인이 대답하기를, "송도로 가던 길인데 당연히 가야 한다." 하였다. 안용복이 뒤따라 송도까지 가서 또 꾸짖기를, "송도는 바로 우산도이다. 너희들은 우산도도 또한 우리 땅이란 말을 듣지 못하였으냐?" 하고 도끼를 휘둘러 그들의 가마솥을 부수어 버리니, 왜인들이 크게 놀라서 달아났다.)[14]

당시 안용복의 말 중에 '우산도'가 거론되는데, 내용으로 보아 이것은 독도를 지칭한 말임을 알 수 있다.

'죽도(竹島)'라는 명칭은 원래 숙종(肅宗) 19년(1693) 이래 일본인이 울릉도를 가리켜 부른 명칭이다. 그러나 우리나라 고종(高宗) 시대이자 일본 메이지(明治) 시대이던 때에 이르자 일본은 울릉도를 '송도(松島)'라 부르고 독도를 '죽도(竹島)'라고 부르기 시작했다. 그 이전에 일본 어부들은 독도를 '송도'라고 불렀고, 울릉도를 '죽도'라고 불렀다. 그러던 것을 메이지 시대를 거치면서 명칭을 혼용하게 된 것이다. 이유를 따져

14 『증보문헌비고(增補文獻備考)』 권 31 「여지고(輿地考)」 9.

보자면, 당시 『영국해군수로지』 및 프랑스의 『세계지명대사전(世界地名大辭典)』에서 울릉도를 '마쓰시마(Matsusima, 송도)'라고 칭하고 있다는 사실에 주목할 필요가 있다. 영국과 프랑스의 문헌에서 사용한 명칭에 따라 일본 역시 『일본해군수로지(日本海軍水路誌)』에서 울릉도를 '송도'라고 하고, 독도를 '죽도' 또는 '리앙쿠르'로 명명하게 된 것으로 보인다.[15]

일본 정부의 이 같은 태도 변화는 메이지 유신과 관련된 것으로 판단할 수 있다. 메이지 정부가 서구사회의 선행 규칙을 수용하는 데 주력하면서 동아시아 문제에 대해서도 서구적 입장을 수용하려 했다. 독도 명칭의 혼용과 변용은 이 과정에서 나타난 하나의 사례이다. 이로써 당시 일본 정부가 독도에 대한 명확한 영유권 인식이 없었고, 때문에 정부의 공식적인 독도 명칭도 없었던 것으로 추측할 수 있다. 따라서 일본은 영국과 프랑스의 독도 명칭을 수용하여 자국의 공식 명칭으로 정리하게 된 것이다.

일본 측의 문헌인 『죽도연혁고(竹島沿革考)』(오쿠하라 헤키운[奧原碧雲] 저)의 기록에서도 독도를 '죽도'라는 명칭으로 혼용하여 사용하고 있는 것을 알 수 있다.[16] 이 기록으로 보아, 일본인은 리앙쿠르, 즉 독도를 '죽도'로 칭하여 시마네현(島根縣)에 편입한 것을 알 수 있다. 『세계대백과사전(世界大百科辭典)』[17]에도 '리앙쿠르'는 본래 '송도'라고 칭하였고,

15 『영국해군수로지』에서는 울릉도의 별명으로 '다줄레(Dagelet)'란 명칭을 사용했는데, 그것을 일본명으로 '마쓰시마(Matsu Sima, 松島)'라고 했다는 것을 밝히고 있다. 프랑스의 『세계지명대사전(世界地名大辭典)』에서도 명칭을 'Matsu Sima'라고 밝혀 적고 있다(다보하시 키요시[田保橋潔], "鬱陵島 領有に 關する 日鮮交涉", 『청구학총』, 제3호[1931], pp. 2~3).

16 다보하시 키요시(田保橋潔), 앞의 논문, pp. 12~20.

17 시모나카 야스부로(下中彌三郎) 편, 『世界大百科辭典(세계대백과사전)』(東京: 平凡社, 1957), pp. 35~36 참조.

울릉도는 '죽도'라고 칭했으나 『일본해군수로지』에 울릉도를 '송도'라고 했기 때문에 '리앙쿠르'를 특히 '리앙쿠르 열암(列岩)'이라고 칭하게 되었다고 기록하고 있다.

뿐만 아니라 나카이 요사부로(中井養三郎)는 '리앙쿠르'가 한국의 영토라고 생각하여, 메이지 37년(1904)에 한국 정부에 '리앙쿠르' 대하청원(貸下請願)을 할 것을 일본 정부에 상담한 일도 있다.

일본의 사료들을 보면, 일본 역시 '리앙쿠르'와 '우산도'가 동일한 섬을 가리키는 이칭(異稱)이라는 사실을 인정할 수밖에 없다. 그러면서도 우산도가 독도라는 명확한 증거가 없다고 부정하고 있으며 울릉도와 독도의 관계를 부인하고 있다.

독도에 대한 명칭으로 외국인들이 불렀던 이름도 많다. 서양인들의 경우, 어떤 섬을 발견하면, 자기들의 방식에 의해 그 섬의 이름을 붙이는 경향이 있었다. '리앙쿠르(Liancourt)'가 대표적이다. '리앙쿠르'란 명칭은 1849년(숙종 15)에 프랑스 포경선(捕鯨船) 리앙쿠르호가 독도를 발견하였으므로 그 선명(船名)을 따라 부른 것이다.[18] '리앙쿠르'란 용어는 프랑스 지리학자 마르탱(Louis Vivien de Saint-Martin)의 저서 『신찬세계지명대사전(新撰世界地名大辭典)』에도 기재되었다. '호네트(Hornet)'라는 이름은 1855년(철종 6) 영국의 지나함대(支那艦隊) 소속이었던 기선(汽船) 호네트호가 독도를 발견하고 그 선명(船名)을 따라 명명한 것이다.[19] '부솔(Boussole)'이라는 명칭도 있다. 이는 프랑스 군함 부솔

18 오쿠하라 헤키운(奧原碧雲), "죽도연혁고(竹島沿革考)", 『일본역사지리』, 제8권 제6호, 메이지 39년(1906), pp. 461~491. ; L. Vivien de St. Martin & L. Bowssebt, *Nouveau Dictionnaire de Geographic Universelle*(Paris, 1884~1887). Vol. 2, p. 2, Vol. 3, p. 343. ; W. King, *China Pilot*(London, 1861), 3rd Edition, p. 379.

19 다보하시 키요시(田保橋潔), "鬱陵島その發見と領有", 『청구학총』, 제3호, 쇼와 6년(1931) 2월, pp. 4~11.

(Boussole)호의 명칭을 따른 것이다. 1787년에 프랑스 해군대좌 라페루스(La Perouse)가 동해를 탐험하다가 울릉도를 발견했는데, 그때 그 군함의 선원이던 천문학자 다줄레(Lepaute Dagelet)가 울릉도는 자기 이름을 이용하여 '다줄레(Dagelet)도'라 했고, 독도는 군함의 이름을 인용하여 '부솔(Boussole)'이라고 명한 것이다.[20] '팔라다(Pallada)'[21]라는 명칭은 1854년 러시아 군함(露國軍艦) 팔라다(Pallada)호가 독도를 발견한 후 붙인 명칭이다. 오늘날 해도(海圖)상에 여전히 이들 명칭이 남아 있다.

독도뿐만 아니라 외국어로 명명된 국내 섬이 꽤 있다. 제주도(濟州道)는 네덜란드명 '켈패르(Quelpaert)'를 가지고 있으며, 거문도(巨文島)는 '포트 해밀튼(Port Hamilton)', 울릉도는 '다줄레(Dagelet)'로 불리고 있다. 이와 같이 발견자의 주관적인 판단에 의해 도서의 이름이 붙여지는 것은 흔한 일이다. 일본인이 울릉도를 '기죽도(磯竹島)' 혹은 '죽도(竹島)'라고 부르는 것도 같은 맥락이다.

이와 같이 독도의 명칭에서 어원과 유래를 찾아보면, 독도는 누구도 부정할 수 없는 한국 땅이다. 이유는 그 땅에 살았던 우리나라 사람들이 오랜 세월 동안 불렀던 이름이 독도이기 때문이다. 너무나 상식적이고 일상적인 사실이다. 그런데도 일본은 이를 인정하지 않고 있다. 이는 아마도 일본의 전성기였던 메이지 유신 이후 식민지 확대 시기의 꿈에서 깨어나기 싫어서일 것이다. 세상이 변했는데도 여전히 천황을 신이라 생각하고, 국민이 선출한 수상이 천황에게 만세삼창을 하고, 수상이 야스쿠니 신사에 참배하는 것을 보면, 일본은 아직도 19세기에 있다.

20 다보하시 키요시, 앞의 논문, pp. 4~6. ; 와타나베 가쓰미(渡邊勝美), 『朝鮮開國外交史研究(조선개국외교사연구)』, pp. 20~21.

21 다보하시 키요시(田保橋潔), 위의 논문, pp. 10~11.

참담한 것은 한국이 아니라 일본의 아이들이고 일본의 미래이다. 미국 건국의 아버지 벤자민 프랭클린(Benjamin Franklin, 1706~1790)의 어록 중에 "엉터리로 배운 사람은 차라리 아무것도 배우지 않은 사람보다 더욱 어리석다."라는 말이 있다. 한국 땅 독도를 일본 땅이라고 우기는 일부 일본 정치인들과 동조 세력들은 결국 자국의 아이들을 바보로 만들고 있는 것이다.

그들의 의도는 짐작이 간다. 일본이 독도를 자기 땅이라고 우기는 이면에는 미국에 대한 반감이 존재한다. 일본이 독도를 자기 땅이라 하는 것은 태평양 전쟁의 패배를 인정하지 않는다는 의미이다. 청일전쟁과 러일전쟁을 거치면서 노획한 독도를 왜 미국이 마음대로 처분하느냐 하는 항변이다. 자신들의 통치 영역에 속하는 한반도를 미국이 빼앗았고 현재는 일시적인 강탈 상황이라고 착각하고 있는 것이다. 결국 일본은 패전의 사실을 인정하지 않는 것이고, 태평양 전쟁 이후의 미국 중심 질서를 부인하고 있는 것이다. 독도는 그 속내가 은닉된 코드의 하나이다.

일본이 지금 독도 문제를 두고 국제사회의 제삼자들을 혼란스럽게 하고 있는 것은 독도 문제와 동아시아의 위험을 연계시키고 있기 때문이다. 러일전쟁과 청일전쟁의 조건이 유지되고 있다는 점을 상기시키고, 동아시아에 일본의 역할이 필요하다는 점을 강요하고 있다. 군사안보 논리를 정치·경제 논리로 확대 해석하고 연계하여 엉뚱한 가정들을 독도에 적용하고 있는 것이다.

이에 대한 우리의 대응은 단순해져야 한다. 독도 문제는 독도로 풀면 된다. 독도의 입장에서 독도를 보고 독도와 사람과의 관계를 생각하면 된다. 정치 논리를 가진 사람들 대신 평범하고 상식적인 생각을 가진 사람들의 동조를 구해야 한다. 그런 점에서 독도 명칭 논리는 독도 문제를 푸는 가장 핵심적인 해법의 하나이며, 이들을 설득하기 위한 논리가 된다.

2. 대한민국의 독도

1) 독도의 법적 지위와 행정구역

독도(獨島, Dokdo)[22]는 대한민국의 도서로서 다음의 위치, 형태, 조건을 가지고 있을 때 비로소 독도이다. 독도의 법적 지위는 다양한 근거에 의해 중첩적으로 규정되고 있다. 현재 독도는 국유재산법 제6조의 규정에 의한 '행정재산'으로 등재되어 국토해양부가 관리하고 있으며, 91개의 섬으로 구성되어 있다. 총 101필지이며 지목은 임야, 대지, 잡종지로 구분되어 있다. 1982년 11월에는 '천연기념물 제336호 독도해조류번식지'로 지정되었고, 1990년 8월 〈건설부 고시 제487호〉에 따라 국토이용관리법에 의한 '자연환경보전지역'으로 지정되었다. 1999년 12월에는 〈문화재청 고시 제1999-25호〉 문화재보호법 제7조에 의해 '천연기념물 제336호 독도천연보호구역'으로 지정되었다. 2000년 9월에는 〈환경부 고시 제2000-109호〉에 의거, 독도 등 도서지역의 생태계 보전에 관한 특별법 제4조에 의해 '특정도서'로 지정되었다. 2006년, 문화재청은 2005년의 독도 토지 및 부속도서 측량 결과에 따라 독도의 지적 현황을 변경하고 〈문화재청 고시 제2006-80호〉를 통해 문화재보호법 제6조에 의거, 천연기념물 제336호로 지정된 '독도천연보호구역'의 문화재 구역을 정정하였다. 이로써 어민 숙소 등의 시설물을 합법적으로 건설할 수 있는 법적 근거를 마련하였다.

행정구역상 독도는 그 주소가 '경상북도 울릉군 울릉읍 독도리 1~96번지'로, 우편번호는 '799-805'이다. 최근 도로명 주소 제도로 바뀌면서 독

22 독도의 영문 표기는 〈문화관광부 고시 제2000-8호〉 참조. 동도와 서도의 로마자 표기는 'Dongdo', 'Seodo'의 형태로 하며, 필요시에는 'Dongdo(East Island)', 'Seodo(West Island)' 형태로 병기가 허용된다.

도경비대가 위치한 동도는 '경상북도 울릉군 울릉읍 독도이사부길'(독도경비대는 '독도이사부길 55', 독도등대는 '독도이사부길 63'), 서도는 '경상북도 울릉군 울릉읍 독도안용복길'(주민 숙소는 '독도안용복길 3')이 되었다.

독도는 행정구역 및 지번 변경이 몇 차례 있었다. 1981년, 독도에 주민등록을 최초로 전입한 최종덕 씨의 경우, 거주지 주소가 '경상북도 울릉군 남면 도동 산 67'이었다. 당시 독도의 주소는 '도동 산 42~76번지'였다. 그러던 것이 2000년에 '경상북도 울릉군 울릉읍 독도리 산 1~37번지'로 바뀌었고, 서도는 '1반', 동도는 '2반'으로 구분되었다. 2003년도에 정보통신부가 우편번호 '799-805'를 독도에 부여하였고, 2005년에는 탐방로 등 11필지의 공개제한지역(동도)을 해제하고 기존의 입도허가제를 신고제로 전환하면서 지번을 바꾸었다. 이에 따라 독도의 주소는 '독도리 산 1~37번지'에서 '독도리 1~96번지'로 전환되었다.

이러한 독도의 행정구역 명칭 변경은 대한민국 정부의 독도정책과 밀접한 관련이 있으며 여러 가지로 중요한 의미를 지니고 있다. 구체적으로 살펴보자.

우선 2000년에 종전의 '남면 도동 산 42~76번지'에서 '독도리 산 1~37번지'로 주소를 바꾼 것은 독도 영유권 문제와 관련 있다. 이로 인해 대한민국의 행정구역 명칭에 '독도'가 등장하게 되었다. 문제의 발단은 일본이 1998년 한일어업협정 파기를 일방적으로 통보하고 독도에 대한 야욕을 드러낸 것이다. 당시 한국은 아시아 금융위기의 여파로 경제적 어려움을 겪던 시기였는데, 일본이 한국 측에 어민들의 조업 해역을 볼모로 신한일어업협정 체결을 종용했다. 때문에 울릉도와 오키 섬의 중간라인이 양국의 잠정적인 해역으로 정리되었고, 영토상 권리가 무시된 독도에 공식적으로 행정구역 명칭을 부여하게 된 것이다. 따라서 이때 지명에 '독도'를 명시한 것은 영유권을 확실히 하려 한 것임을 알 수 있다.

2005년에 종전의 '독도리 산 1~37번지'의 주소를 '독도리 1~96번지'로 전환시킨 것에는 또 다른 이유가 있다. 한국 정부는 현재 3단계의 독도전략을 설정하고 있다. 첫 번째 단계는 독도 영유권 정립에 관한 것으로, 일본이 완전히 승복할 수 있는 상태의 독도 영유권을 정립하는 것이다. 두 번째 단계는 대한민국의 영토인 독도를 '배타적 경제수역'을 가지는 완전한 섬으로 만드는 것이다. 세 번째 단계는 독도가 위치한 해역을 한국해로 만드는 것이다. 2005년에 이루어진 주소의 변경은 두 번째 전략인 '완전한 섬'을 만드는 것과 관련된다. 유엔해양법협약 제121조 제3항에는 "사람이 거주할 수 없거나 또는 지속적인 경제생활을 할 수 없는 섬은 배타적 경제수역(EEZ)이나 대륙붕을 가질 수 없다."라고 규정되어 있다. 다시 말하면, 독도가 배타적 경제수역을 가지려면 사람이 지속적으로 거주하거나 경제생활이 가능해야 한다는 말이고, 사람이 거주하려면 행정구역상 사람이 사는 지번이 있어야 했던 것이다. 그래서 '산 1~37번지'가 '1~96번지'로 변경된 것이다.

이로써 모두 임야로 설정되었던 37필지가 정밀 측량을 통하여 2005년 9월에 101필지의 토지로 재등록되었으며, 지금은 경비대 숙소, 접안시설, 주민 숙소 등의 부지로 이용되고 있다.

2) 자연지리적 구성과 지질

독도는 울릉도 동남쪽 87.4km 지점에 위치하고 있다. 동도는 북위 37도 14분 26.8초, 동경 131도 52분 10.4초에 자리하고 있고, 서도는 북위 37도 14분 30.6초, 동경 131도 51분 54.6초에 자리하고 있다. 독도의 전체 면적은 187,554m^{2}이다. 동도는 면적이 73,297m^2, 높이가 98.6m, 둘레가 2.8km이다. 서도는 면적이 88,740m^2, 높이가 168.5m, 둘레가 2.6km

이다. 기타 부속도서 89개의 면적을 합치면 25,517m²가 된다.

독도를 기점으로 주요 지점 간의 거리를 보면 울릉도까지 87.4km, 동해까지 243.8km, 죽변까지 216.8km, 포항까지 258.3km, 부산까지 348.4km이다.

독도의 기후는 연평균 12℃로 따뜻한 편이며, 강수량은 연평균 1,240mm 정도이다. 지형은 해저 2,000m에서 솟은 용암이 굳어져 형성된 화산섬으로, 신생대 3기 플라이오세 전기부터 후기 사이, 약 460만 년 전부터 250만 년 전 사이에 형성되었다. 지질은 화산활동에 의하여 분출된 알칼리성 화산암인 현무암 및 조면암 등으로 구성되어 있다.

독도는 동도와 서도라는 두 개의 큰 섬으로 이루어져 있고, 89개의 부속도서를 가지고 있다. 동도와 서도의 최단거리는 저조시를 기준으로 151m이다. 동남쪽에 위치한 동도는 유인 등대를 비롯하여 대부분의 해양수산시설이 설치되어 있다. 서북쪽에 위치한 서도는 정상부가 험준한 원추형을 이루고 있으며 주요 시설물로 어업인 숙소가 있다.

독도는 약 460만 년 전부터 250만 년 전 사이에, 즉 신생대 3기의 플라이오세 전기부터 후기까지 해저화산 활동에 의해 형성되었다. 이 시기는 울릉도(약 250만 년 전)와 제주도(약 120만 년 전)의 생성 시기보다 앞선 것이다. 독도는 수면 위에서 보기에는 작은 바위섬이지만, 해저에 2천여 m의 거대한 해산을 가지고 있다. 따라서 독도는 해산의 여러 꼭대기 중의 하나라고 볼 수 있다.

독도는 화산섬이다. 이곳에 서식하는 생물들은 독도 지질의 영향을 많이 받았다. 독도는 동해 서남부에 위치한 울릉분지의 북동부에 자리하고 있고, 비교적 수심이 얕은 평정해산 위에 형성되었다. 수중 또는 대기 중 분출 활동을 통해 해수면 위로 성장하는 독특한 화산활동에 의해 현재와 같은 특징적인 암석과 지질구조가 형성된 것이다. 독도에서는 수중

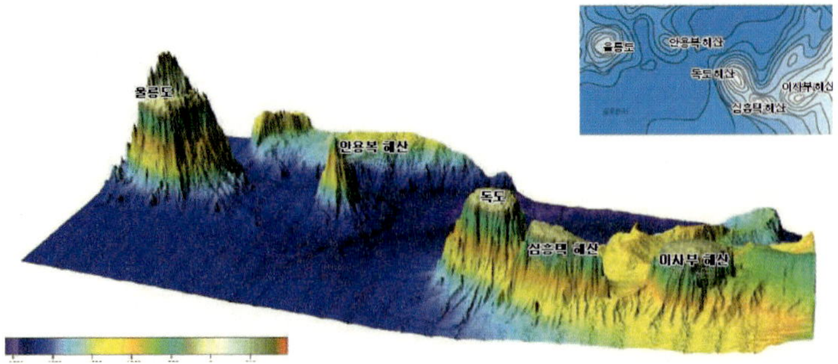

그림 5 울릉도와 독도 주변 해산과 해저산맥(출처: 한국해양연구원 독도전문연구센터)

및 대기 중 분출로 생긴 폭발성 화성쇄설암, 용암분출암, 관입암 등 다양한 화산암류들을 볼 수 있으며, 이 과정이 수차례 반복되는 분출윤회가 관찰된다. 해수면 위에 노출된 독도 화산체의 형성 시기는 용암류의 분출 시기와 산출 상태에 따라 초기, 중기, 그리고 말기로 구분할 수 있다. 그중 중기의 화산활동이 독도 화산체를 구성하는 암석의 대부분을 차지한다.

독도의 화산활동은 비교적 수심이 얕고 평탄한 평정해산 위에서 발생하여, 마그마와 물이 접촉할 확률이 매우 높았을 것으로 추측된다. 화산활동이 수면 가까이에서 일어날 경우, 마그마는 물과 반응하여 폭발적인 양상을 띠게 된다. 조용하게 분출하는 용암보다는 폭발성인 응회암이나 화산각력암이 더 많이 형성된다. 응회암과 화산각력암은 화산 폭발 시에 형성된 화산재와 암편이 쌓여 형성되는 암석이므로 물성이 약하며 쉽게 풍화된다. 독도 화산체는 섬 정상부를 제외하면 대부분 화산재와 암편이 쌓여 형성된 암석으로 이루어져 있어 지반이 불안정하다. 따라서 토양층을 거의 형성하지 못하고 침식에 매우 취약하다. 독도의 화산활동에 수반된 대·소규모 단층활동들은 독도의 화산 분출 종결과 함께 정지되었으나, 현재까지도 독도 화산체의 지반 안전성을 위협하는 요소로 남아 있다.

이러한 단층들이 파도에 의한 침식의 취약대 역할을 하여 천장굴이나 독립문바위와 같은 해식 동굴들이 만들어졌다. 한편, 독도의 많은 부분은 토양층 발달이 미약하여 기반암이 노출되어 있는데, 이는 파랑에 의해 형성된 해식애이거나 또는 사면 경사가 대단히 급하여 토양층이 형성되기 어렵기 때문이다. 그러나 일부 식생이 분포하는 곳에서는 토양층이 분포하므로 토양분포는 식생분포와 관련된 것으로 보인다.

독도 산지의 정상부 부근의 모암은 알칼리성 화산암이며, 토양은 이 모암이 풍화되어 형성된 잔적토이다. 토성은 부분적으로 양토(loamy sand)도 분포하지만, 대부분 사질토 내지 사질양토이다.

동도에는 토양층이 없거나 1cm 이하의 얇은 토양층이 넓게 나타나지만, 사면 경사가 완만한 일부 지역에는 비교적 두꺼운 토양층이 분포한다. 이것은 많은 강수량과 강한 바람으로 인해 토양층이 유실되었기 때문인 것으로 보이며, 인간 활동과도 관련이 있는 것으로 추정된다. 토양층은 특히 동도의 정상부에서 북동쪽으로 연결되는 사면에 10cm 이상의 두께로 퇴적되어 있다. 일부 지역은 토양층 두께가 약 20cm에 이르는 곳도 있는데, 이러한 지역은 사면 경사가 완만하여 토양 침식이 적고, 사람들의 접근이 차단되어 식생과 토양이 상대적으로 잘 보전되었기 때문인 것으로 보인다. 서도의 토양 분포 특성도 동도와 유사하며, 정상부 남쪽에 사면 경사가 완만한 곳에 토양층이 상대적으로 두껍게 형성되어 초본들이 높은 밀도로 분포해 있다. 북쪽 사면이 개석된 물골 골짜기에도 토양층이 상당히 두껍게 분포하는데, 이곳은 독도 식목 사업의 대상지로서 많은 목본들이 식재되어 있다.[23]

23 경북대학교 울릉도·독도연구소, 『독도의 자연』(경북대학교출판부, 2008) 자료 참조.

3) 독도의 식구: 생태와 사람

독도는 육상·해양 생물상과 지형과 지질 등의 학술적·유산적 가치가 있는 것으로 인정받아, 1982년 11월 16일에 '독도 해조류 번식지'로 지정되었다. 1999년 12월에는 천연기념물 제336호로 지정되면서 명칭이 '독도천연보호구역'으로 바뀌었다. 독도는 사람의 접근이 어려운 화산섬이라는 특징 때문에 자연생태가 잘 보존되어 있다.

생태계에서 독도의 역할은 지대하다. 우선 독도는 조류들의 이동 경로에 위치해 있어서, 철새들의 휴식과 번식의 공간이 된다. 독도에서 자생하고 있는 조류는 4목 18과 62종이며, 바다제비, 슴새, 괭이갈매기 등 바다조류가 대규모로 번식하고 있다.

지금까지 집계된 바에 따르면, 독도의 식물은 최소 34종에서 최대 75종이 서식하고 있다. 대부분 잡초성 초본류인데, 돌피, 섬제비쑥, 왕해국, 명아주, 소리쟁이, 술패랭이, 번행초, 왕호장근, 땅채송화, 사철나무, 섬괴불나무 등이다.

독도에서 자생하고 있는 곤충은 모두 9목 37과 58종으로 조사되었으며, 꼬마꽃등에 종류가 많다. 독도에 곤충이 유입된 경로는 여러 가지로 추측될 수 있는데, 바람의 영향에 비중을 두고 있다.

독도에서 자생하는 해면동물로는 보라해면, 껍질끈적해면, 황록해변해면 등 7목 9과 13종이 있으며, 자포동물은 산호충강의 부채뿔산호를 포함하여 총 9목 20과 28종, 극피동물은 성게류의 보라성게 등 총 5목 8과 10종, 환형동물은 22과 46속 57종, 절지동물은 21과 43종, 연체동물은 6과 108종 등이 있다. 독도의 어류는 돌돔, 자리돔, 용치놀래기, 가막베도라치 등 31과 75종 등이 확인되었다. 독도 주변 바다는 난류와 한류가 교차하는 조경수역을 이루어 어류가 아주 풍족하다. 이들 종을 정리하면 다음과 같다.[24]

표 1_독도에 자생하는 생물 현황

구분	종류
식물	• 현재까지 독도에서 조사된 식물은 약 50~60종이다. • 초본류: 민들레, 괭이밥, 섬장대, 강아지풀, 바랭이, 쑥, 쇠비름, 명아주, 질경이 등 • 목본류: 곰솔(해송), 섬괴불나무, 붉은가시딸기, 줄사철, 동백 등
곤충 동물	• 잠자리, 집게벌레, 메뚜기, 딱정벌레, 파리, 나비 등 • 독도에 서식하는 야생 포유류는 없다.
조류	• 바다제비, 슴새, 괭이갈매기, 황조롱이, 물수리, 노랑지빠귀, 흰갈매기, 흑비둘기, 까마귀, 딱새 등
해양 생물	• 주요 어류: 오징어, 꽁치, 방어, 복어, 전어, 붕장어, 가자미, 도루묵, 임연수어, 조피볼락 등 • 패류: 전복, 소라, 홍합 등 • 해조류: 미역, 다시마, 김, 우뭇사가리, 톳 등 • 기타 수산 동물: 해삼, 새우, 홍게 등

출처: 동북아역사재단, 『(개정) 독도통합표준지침』(2013. 1. 30.)

독도에는 예전에 포유류도 살고 있었다. 현재는 멸종 상태이지만 강치가 한때 독도에 살았다. 독도의 옛 이름 가운데 '가지도'는 강치의 섬이라는 의미이다. 독도 강치는 캘리포니아 강치나 갈라파고스 강치에 비해 그 덩치가 크다고 한다. 수컷은 키 240cm, 몸무게 490kg까지 자라는 데 비해 암컷은 덩치가 작아 키 180cm, 몸무게 120kg 정도라고 한다. 강치가 독도에서 군집생활을 하게 된 것은 인근 해역이 난류와 한류가 교차하는 지점이어서 인근 해역에 풍부한 어장이 형성되기 때문으로 추정된다. 19세기만 해도 독도를 비롯한 동해 연안에 약 30,000~50,000여 개체가 서식했으나, 1950년대에는 300여 마리가 생존했는데, 현재는 멸종된 것으

24 독도의 생태와 관련한 내용은 김사열, 『괭이갈매기, 땅채송화와 미생물의 섬』(경북대학교출판부, 2012), 경북대학교 울릉도·독도연구소, 『한국의 자연유산 독도』(문화재청, 2009), 경북대학교 울릉도·독도연구소, 『독도의 자연』(경북대학교출판부, 2008) 등을 참고하여 소개함.

로 알려졌다. 강치가 사라지게 된 원인은 일본 어부들의 부분별한 포획 때문이다.

이후 독도에 포유류를 정착시키려는 시도가 꾸준히 있었다. 포유류의 독도 정착에는 사연이 많다. 현재 독도에 살고 있는 포유동물은 삽살개뿐이다.

먼저 삽살개의 정착 사연을 살펴보자. 삽살개는 온몸이 긴 털로 덮여 두 눈이 잘 보이지 않으며 주둥이도 비교적 뭉툭하고, 다 자란 수컷의 키가 53~55cm로 진돗개보다 큰 편이다. 다른 동물에 비해서 대담하고 강인하나 주인에게는 정이 많고 충직한 것으로 알려져 있다. 삽살개는 경주를 중심으로 한반도의 남동부 지역에 서식한 토종개이나, 일제의 토종개 박멸 정책으로 멸종 위기를 맞았다. 1992년 무렵, 경북대학교 하지홍 교수 연구팀이 순종의 복원에 성공하면서 토종 삽살개가 '경산의 삽살개'라는 명칭으로 천연기념물 제368호로 지정되었다. 하지홍 교수 연구팀은 개까지 도살했던 일제의 만행을 국제사회에 알리기 위해 삽살개를 독도에 기증하게 되었다.[25] 그런데 동도에 살고 있던 맹견 삽살개의 수가 증가하면서 괭이갈매기를 공격하여 물어 죽이고 서식지를 부수는 사태가 발생하였다. 환경부의 강력한 항의가 제기되고 삽살개 대부분이 즉각 헬기로 육지에 이송되었다.

또 다른 포유류의 독도 정착 시도도 있었다. 1973년에 독도경비대의 토끼 방사 사건이나, 쥐 사건 등이 그 예이다. 토끼 방사 사건은 독도경비대에서 토끼 10마리를 독도에 방사했는데, 그 수가 많아지면서 문제가 발생한 사건이다. 굴을 파는 토끼의 습성과 식성 때문에 독도의 생태가 급속도로 파괴되어 간 것이다. 결국 토끼 소탕 작전을 통해 토끼를 몽땅 포획

25 김사열, 『괭이갈매기, 땅채송화와 미생물의 섬』(경북대학교출판부, 2012), p. 103.

하였다. 쥐 사건은 서도의 어업인 숙소 공사 과정에서 자재 이송 시 쥐가 유입되어, 개체 수가 증가해서 벌어진 사건이다. 그 때문에 한때 독도에 쥐 잡기 전투가 벌어졌다 한다.

이렇듯 포유류의 독도 정착은 결국 대부분 실패로 돌아갔다. 굳이 말하자면, 유일하게 사람만이 안정적으로 독도에 정착한 포유류가 된 것이다. 독도에는 김성도 씨 부부 등 9세대 10명이 주민으로 등록되어 생활하고 있다. 독도 주민은 김성도(1940년생), 김신열(1937년생) 부부, 독도경비대원 3명, 독도등대 관리원 5명이다. 등록 기준지상으로는 2,788명이 등재되어 있다. 최초의 독도 거주민은 고 최종덕 씨이다. 그는 1965년 3월부터 독도에 거주하면서 어업인 숙소를 짓고 물길을 찾았다.

독도에는 주민등록을 두고 있는 주민들 외에 독도경비대 1개 부대가 동도에 주둔하고 있다. 상황에 따라 인원수의 변동이 있지만 대체로 경북지방경찰청 울릉경비대 소속 경찰관 4명, 의무경찰 약 36명 등 약 40명의 인원이 주둔한다. 일반적으로 약 2개월 단위로 교대근무를 실시한다. 독도등대 관리원은 포항지방 해양항만청에서 파견되는 3명으로, 이들은 1개월 단위로 교대한다. 그 외 독도에는 독도관리사무소에 직원 2명이 근무하고 있으며, 이들은 10일 순환 근무를 실시하고 있다.[26]

방문자의 수까지 합하면, 최근 독도에는 사람이 북적인다. 갈수록 방문객의 수가 급증하고 있다. 원래 독도는 천연기념물로 지정되어 공개제한지역이었으나, 2005년 3월에 제한지역(동도, 서도) 중 동도에 한하여 일반인의 출입이 가능하도록 공개제한지역이 해제되었다. 그리고 종전의 입도허가제가 신고제로 전환되면서 2009년 6월에, 기존의 1일 입도제한인원이었던 1,880명의 제한선이 폐지되었다. 이후 많은 관광객이 독도에

26 이상의 통계자료는 2012년 12월 31일 기준이며, 상황에 따라서 인원수의 변동이 있다.

입도하고 있다. 울릉군 독도관리사무소의 통계에 따르면, 독도 선회 관광 및 입도자 수가 매년 급속도로 증가하고 있다. 2005년 41,134명이었던 것이 2006년에는 78,152명, 2007년에는 101,428명, 2008년에는 129,910명, 2009년에는 135,376명, 2010년에는 115,074명, 2011년에는 179,621명, 2012년에는 205,778명에 이른 것이다. 울릉도 전체 주민의 수가 1만 명 정도라는 점을 감안하면 독도 방문객의 규모가 독도에 얼마나 큰 의미를 가지는지 알 수 있다.

제4장
독도 문제의 자초지종

1. 국제법상 영토 취득과 변경의 방식

국제법상 영유권 취득 및 변경은 국가 간 쌍방 행위, 일방 행위, 첨부 등에 의해 이루어진다. 그 방법으로는 일반적으로 할양, 정복, 양도, 선점, 시효 등이 있다.[27] 이들에 대해 자세히 살펴보자.

1) 할양

'할양(cession)'은 일국이 타국과의 조약에 따라 영역의 일부를 양도하거나 양도받는 것을 말한다. 이때 조약은 강제성 조약과 비강제성 조약으로 나누어지는데, 강제성 조약에 의해 이루어지는 할양은 정치적 행위로서 강화조약과 같이 패전국 영토의 일부를 승전국에게 양도하는 것이다. 대부분 전쟁의 처리 과정에서 이루어지며 이때 영토는 대가 없이 전승국에게 전이된다. 때문에 이러한 할양을 '전시할양'이라고도 한다. 청일전쟁 결과로 체결된 청일강화조약(馬關條約, 下關條約)도 이 경우에 해당하는데, 조약 결과 중국은 대만과 평후 열도 등을 일본에 할양하게 되었다.[28]

27 이정태, "중·일 해양영토분쟁과 중국의 대응", 『대한정치학회보』, 제13집 2호(2005),

28 일본은 1952년 평화조약 시 일본에 강제된 해외영토의 포기를 할양으로 보고 있으며, 북방 영토 문제가 잔존하게 된 원인이라 한다. 太壽堂鼎, 『領土歸屬の國際法』(東京: 東信堂, 1998), p. 9.

난징조약에 의한 홍콩의 할양도 강제성 할양에 해당된다.

비강제성 할양은 국가 간 평등·자주의 원칙에 기초해서 영토의 일부를 평화적으로 이전하는 평시 할양을 말하는데, 매매, 교환, 증여 등의 형식을 통해서 권리가 발생한다. 미국이 1803년에 프랑스로부터 구입한 루이지애나, 1867년에 720만 달러를 지불하고 구입한 알래스카, 1916년에 2,500만 달러를 주고 덴마크로부터 구입한 서인도제도의 도서들이 이에 해당한다. 일반적으로 비강제성 할양은 주민의 의견을 청취하고 주민투표를 실시하여 결정하게 되는데, 할양 지역 주민의 국적은 당사국 간의 별개의 합의에 따르며, 해당 주민들은 양도국의 국적을 잃고 양수국의 국적을 취득하게 된다.

전통 국제법에서는 전쟁 행위가 국가 간 분쟁 해결의 수단으로 인정되었기 때문에 전쟁의 결과에 따른 강제성 영토 할양이 가능하였고, 국가 영토 변경의 합법적인 방법으로 인정되었다.[29] 그러나 1928년에 켈로그-브리앙 조약(Kellogg-Briand Pact)이 등장하여 영토 변경 수단으로서 '전쟁'에 대한 합법성 문제가 제기되면서[30] 1945년 유엔헌장에서 위협 또는 무력을 사용해서 회원국의 영토완전성이나 독립을 침해하는 강제성 할양을 금지한다고 명문화되었다. 현행 국제법상으로 강제성 할양에 의한 영토 변경은 이루어질 수 없다. 단지 평등과 자발성에 기초한 비강제성 영토의 할양, 즉 국가주권 평등의 원칙에 부합하는 합법적인 경우만이 유효하다.

29 马呈元, 『国际法』(中国人民大学出版社, 2003), pp. 101~102.

30 1928년 8월 27일, 미국의 국방장관 프랭크 켈로그(Frank Billings Kellogg)와 프랑스 외무부 장관 아리스티드 브리앙(Aristide Briand)의 발기에 의하여 체결된 전쟁 규탄 조약. 일본과 독일을 포함한 15개국이 비준하였고, 비준에 참가한 국가는 자국 국민의 이름으로 국제 분쟁의 해결 수단이나 국제 외교 정치의 수단으로 전쟁을 일으키는 것을 거부함과 동시에 포기하는 것을 조약의 기본 이념으로 삼았다.

2) 정복

'정복(conquest)'은 특정 국가가 실력을 사용하여 타국 영역의 일부나 전부를 일방적으로 취득하는 영토 변경 방법이다. 조약 체결 등의 요건이 필요하지 않으며 정복당한 국가는 국가의 존재를 상실하고 소멸된다.

전통 국제법상 정복은 다음의 두 가지 성립 요건을 갖추어야 한다. 첫째, 상대국 영역에 대한 실력 지배가 실효적이고 확정적이어야 한다. 전시 적국 영토에 대한 군사점령과는 구별되어야 하는데, 전시의 경우는 영토의 전부를 점령하더라도 동맹국들이 전쟁 지속에 합의하고 있으면 점령 상황이 변화될 수 있기 때문에 정복의 효과가 발생하지 않는다. 둘째, 정복국은 정식으로 점령지 영유 의사 표명을 해야 한다.[31] 전후 연합국이 일본의 전 영토를 점령하고 정부의 기능을 폐지했지만, 연합국에 의한 일본 정복이 실현되지 않았다고 보는 것은 연합국의 영유 의사가 불명확했기 때문이다. 정복에 의한 영유권 취득은 전쟁이 합법화되던 시기의 산물로, 유엔헌장에 '국가의 영토보전과 정치적 독립에 대한 무력 행사는 위법'이라고 규정(제2조 제4항)된 후에는 이를 영역 취득의 권원으로 인정하지 않는다.

3) 첨부

'첨부(accretion)'는 새로운 토지가 형성되어 국가의 영역이 확대되는 것을 말한다. 첨부는 두 가지 상황에서 성립된다. 하나는 자연의 작용에 의한 것으로, 영해 내의 해저 융기, 토사의 퇴적 등으로 만들어진 섬이나 삼각주가 대표적이다. 또 다른 하나는 인공적으로 만들어지는 경우로 매립이 이에 해당한다. 예를 들어, 해안 매립지를 만들거나 인공적으로 새

31 王铁崖, 『国际法』(北京: 法律出版社, 1981), p. 148 참조.

로운 땅을 만드는 것 등은 첨부로 인정된다. 한 국가의 내수에 위치한 만 가운데 매립지를 조성하면 토지는 넓어지지만 영역이 확대되는 것은 아니다. 그러나 외해 면을 매립하면 영해의 바깥쪽이 확장되기 때문에 영역을 확대시킨다.[32] 유엔해양법협약에 의하면, 배타적 경제수역이나 대륙붕, 그리고 공해 내에 조성된 인공 섬이나 시설은 영토 첨부에 해당하지 않는다.[33]

4) 시효

'시효(prescription)'는 특정 국가가 타국의 영토 일부분을 장기간, 평온하고 지속적으로 관할권을 행사한 결과로 취득되는 영토에 대한 주권이다. 영유 의사와 실효적 점유라는 요건이 필요하다는 점에서 선점과 같으나, 대상이 무주지가 아니라 타국의 영토라는 점에서 차이가 있다. 때문에 장기간 방해받지 않는 점유가 필요하다. 시효를 영역 취득의 권원으로 인정한다는 것이 다수설이다. 그러나 국제법상 시효 완성의 시기가 명확하게 정해져 있지 않아서 그 기간은 상황에 따라 좌우된다. 국제재판 판례에 따르면, 시효의 권원을 인정하는 사례는 장기간의 평온한 점유가 지속된 경우에 한한다. 국내법과 달리 영토주권의 취득 시효가 확정적으로 명시된 기한이 없기 때문에 점유 토지의 원래 소속국이 항의나 주장을 하게 되면 영토의 시효 취득에 장애가 생긴다. 특정 국가가 선점으로 권원을 획득하여 토지의 영유권을 취득하더라도 장기간 그 토지를 방치하게 되면 영유권을 상실하게 된다. 또한 자발적 방기(放棄)에 동의하거나 방기 의사를 표명하였고, 타국이 그 토지를 점유하고 계속 지배권을 행사

32 장강 하구의 토사 퇴적 문제, 인공섬, 인공적인 해저 융기 등의 문제가 예상된다.

33 马呈元(2003), 앞의 책, p. 101.

하는데도 실효적인 대항 조치를 하지 않으면 점유하고 있는 국가의 취득 시효가 완성되어 영유권을 상실하게 된다.

5) 선점

'선점(occupation)'은 귀속 미정의 지역에 대해 특정 국가가 지배권을 취득하게 되는 것, 즉 점령을 말한다. 선점의 효력은 국가가 영유 의사를 가지고, 무주지(terra nullius)에 대해 실효적 점유가 있을 때 발생한다.[34] 국제법상 무주지는 특정 국가의 영유지에 속하지 않는 토지이고, 사람이 거주하지 않는 지역을 지칭한다. 선점을 위해서는 점유 의사의 표명과 실효적 점유가 이루어져야 한다.

2. 독도 문제의 발단

독도 영유권 문제가 발생한 것은 대한제국이 쇠약했기 때문이다. 당시 대한제국이 일제에 강제 병합되지 않았다면 이 문제는 제기되지 않았을 사안이었다. 문제는 현재 일본이 한국 정부의 독도 점유 상태를 불법이라고 주장하고 있고, 독도를 일본의 영토라고 인식하고 있다는 점이다. 일본 주장의 내용을 들추어 보면, 그들이 제시하는 이유들의 근거에는 '태평양 전쟁 종료 후 전범국에 대한 처리 미흡'이라는 사실이 존재한다.

태평양 전쟁이 일본의 무조건 항복으로 갑작스럽게 종료되자, 미군은 일본군의 무장 해제와 질서 유지를 위해 한국과 일본을 점령하게 된

34 'terra nullius'는 로마법에서 파생된 라틴어 표현으로, 누구에게도 속하지 않는 땅 또는 사람이 없는 땅이라는 의미이다. 국제법에서는 어떤 국가도 주권을 행사한 적이 없는 땅을 지칭한다.

다. 당시 미군은 일본 통제를 위하여 일본의 주변구역을 분리하는 비망록(〈SCAPIN 제677호〉)을 반포했다. 그 내용에는 "일본은 4개 본도(홋카이도, 혼수, 큐슈, 시코쿠)와 1,000여 개의 작은 인접한 섬들로 구성되었다."라고 규정되었다(〈SCAPIN 제677호〉 제3조). 이와 관련해서 1,000여 개의 섬에 포함되지 않은 도서들을 열거하고 있다.[35] 1946년 1월 29일, 연합국 총사령부는 〈SCAPIN 제677호〉 문건의 규정에 의거하여 독도(리앙쿠르암)를 한국에 주둔하고 있던 미군이 관할하게 하였으며, 1946년 6월 22일 〈SCAPIN 제1033호〉 제3항에서 일본인 어업과 포경선의 허가 구역을 설정하였다. 제3항 (b)에서는 일본인이 독도에 접근하는 사항에 아래와 같이 금지 규정을 명시하였다.

> 이후, 일본의 선박과 승무원은 북위 37도 15분, 동경 131도 53분에 위치한 리앙쿠르암(독도, 죽도) 12해리 이내의 구역에 접근해서는 안 되며 이 섬에 대한 그 어떤 형식의 접근도 있어서는 안 된다.

문제는 〈SCAPIN〉의 문건에 독도 문제의 처리가 명기되었고, 일본의 행위 지침이 정해져 있었음에도 불구하고, 1951년 9월 8일 '샌프란시스코 대일평화조약'(이하 '〈샌프란시스코 강화조약〉')의 마지막 문건에 독도 귀속 문제가 누락되었다는 사실이다. 이 조약의 제2조 a항에 "일본은 한국의 독립을 승인하며 동시에 제주도, 거문도와 울릉도를 포함한 한국에 대한 일체 권리, 명의와 요구를 포기한다."라는 문구로 정리된 것이다.

현재 일본이 독도 영유권을 주장하면서 무주지 선점, 역사주권 등을 운운하는 근본적인 이유는 〈샌프란시스코 강화조약〉 최종 문건에 포기해야

35 『獨島關系資料集 - 往復外交文書』(1952~1976), p. 150.

할 영토에 독도가 명시되지 않았기 때문이다. 〈SCAPIN〉과 〈샌프란시스코 강화조약〉의 초안[36]에 명기되었던 내용이 누락된 것은 전쟁 종료 후 진행된 또 다른 전쟁의 결과이겠지만, 그것이 독도 문제의 발단이 된 것은 사실이다. 만약 〈샌프란시스코 강화조약〉의 최종 문건에 독도가 명기되었다면, 일본이 현재 주장하고 있는 무주지 선점, 역사주권 등의 논리는 만들어지지도 않았을 것이다.

3. 독도 문제의 이중 트랙: 영유권과 배타적 경제수역

독도 문제는 현재 '영유권' 문제와 '배타적 경제수역을 가진 독도'의 문제의 이중 트랙으로 접근되고 있다.

먼저 '영유권' 문제에서 논쟁의 핵심은 '무주지 선점'과 '역사주권'에 관한 문제이다. 이는 두 가지 사안으로 보이지만 실제로는 하나의 문제이다. 일방의 역사주권이 인정되면 무주지 선점이 무용해지기 때문에 결국은 역사주권의 문제인 것이다. 그리고 또 하나의 논쟁점인 실효 지배 역시 역사주권을 가진 측이 장기적이고 안정적으로 지배했을 경우에 효력

36 〈샌프란시스코 강화조약〉 초안(1947년 11월 28일) 제3조의 관련 내용을 정리하면 아래와 같다.
"연합국은 일본이 과거에 영유권을 획득했던 한국 본토와 모든 주변의 섬들과 그 밖의 섬들을 일본에서 제외하여 대한민국의 주권에 완전히 이양할 것을 합의한다."
해당 내용의 원문은 다음과 같다. 여기서 'Quelpart'는 제주도, 'Hamilton'는 거문도, 'Dagelet island'는 울릉도, 'Liancourt Rocks(Takeshima)'는 독도를 가리키는 말이다.
〈Article 3〉 The Allied and Associated Powers agree that there shall be transferred in full sovereignty the Republic of Korea all rights and titles to the Korean Mainland Territory and all offshore Korean Islands, Including Quelpart(Sai shu To), the Nan how groups(San To, or Komun Do) which forms port Hamilton(Tonaikai), Dagelet Island(Utsuryo To, or Matsu Shima), Liancourt Rocks(Takeshima), and all of her islands and islets to which Japan had acquired title lying outside …

이 발생되는 것이기 때문에 '역사주권'의 문제로 귀결된다. 최근까지 무주지 선점을 강조하던 일본이 역사주권을 들고 나오는 것은 그 때문이다.

'무주지 선점'과 관련하여 문제가 되는 것이 '선점(occupation)'이다. 일반적으로 선점은 귀속 미정의 지역에 대해 특정 국가가 지배권을 취득하게 되는 것, 즉 점령을 말한다. 선점의 효력은 국가가 영유 의사를 가지고, 무주지(terra nullius)에 대해 실효적 점유가 있을 때 발생한다. 국제법상 무주지는 특정 국가의 영유에 속하지 않는 토지이고, 사람이 거주하지 않는 지역을 지칭한다.

'선점'의 요건을 구체적으로 보면, 첫 번째가 점유 의사의 표명이다. 이는 해당 지역과 국가의 지도에 편입시킨다는 선언, 입법상·행정상의 조치, 타국에 대한 통고가 표시되어야 한다. 통고의 필요조건은 영유 의사를 표명하는 것으로 족하다. 두 번째 요건은 실효적 점유이다. 무인도를 발견하면, 자국의 국기를 게양하는 등의 상징적인 영토 편입 행위가 있어야 그것이 선점으로 유효한 것으로 본다. 통설은 '발견'을 미성숙의 권원(inchoate title)으로 인정하고, 발견한 국가가 상당 기간의 우선권을 가질 수 있는데, 실효적 점유가 계속되면 영토 취득이 성립된다는 입장이다. 그리고 실효적 점유는 토지의 실제 사용과 관련한 거주 등의 물리적 점유로 해석하는 설과 해당 지역에 대한 지배권의 확립이라는 사회적 점유로 해석하는 설이 대립되고 있다. 19세기 전반까지는 물리적 점유가 중시되었으나 그 이후에는 사회적 점유로 중점이 옮겨졌다. 오늘날의 국제재판 판결은 후설을 지지하고 있다. 필요한 실효적 점유의 정도는 토지의 지리적 상황과 거주 인구의 밀도와 관련이 있고, 무인도나 극지의 경우는 정기적 순시의 방법으로 국가 기능을 미치게 하여 해당 지역에 대해 유효 선점을 할 수 있다.

그러나 이때 주목할 사항은 일반적인 영토 변경과 관련해서 상기에 기술된 선점의 요건이 충족된다 하더라도 국가 영유권이 발생하기 위해서는 반드시 일정 형태와 일정 수준의 국가 행위가 수반되어야 한다는 점이다. 즉 영유권 취득 분쟁 영토에 대해 영유권 내지 주권 행사를 입증할 조건이 다음과 같이 필요하다. 첫째, 국가권력이 실질적, 지속적, 평화적으로 행사되어야 하고, 방법 면에서 충분해야 한다. 둘째, 분쟁 영토의 특성에 따라 다른 형식의 주권 행사가 이루어져야 한다. 셋째, 분쟁 당사국이 제시하는 증거들의 평가에서 상대적인 우세(relative merits)를 점해야 한다. 넷째, 국가 행위가 분쟁 영토의 점유와 직접 관련된다는 유효한 증거가 있어야 한다.[37] 예를 들어, 한국 정부가 취한 독도에 대한 영유권 선언(1952), 경비대 상주 배치(1954) 등의 조치는 영유권 취득과 관련된 국가 행위의 대표적인 사례이다.[38] 제23차 대양수심도(General Bathymetric Chart of the Oceans, GEBCO) 운영위원회의 해저지명 소위원회의 신규위원 운영위원직에 한현철 박사가 피선된 것과 관련해서 국제수로기구(International Hydro-graphic Organization, IHO) 해저지명소위원회(Sub-Committee on Undersea Feature Names, SCUFN)에 울릉도 부근 해역에 위치한 10곳의 해저지명을 등재 신청하여 확정받은 조치는 영유권 취득과 관련한 대표적인 국가 행위라 할 것이다.

선점과 관련해서 일본의 논리가 성립될 수 없는 가장 중요한 현실은 한국이 독도를 '실효 지배'하고 있다는 사실이다. 영토 분쟁과 관련한 국제재판 판례의 경우를 보면, 실효 지배(effective control)의 실효성이 원래 가지고 있던 권리에 우선할 수는 없으나 법적 소유권 여부가 불분명할 때

37 이석우, 『일본의 영토 분쟁과 샌프란시스코 평화조약』(인천: 인하대학교출판부, 2003). ; Sharma, *Supra*, note 2, pp. 100~104 참조.

38 요미우리신문 정치부 저, 김연빈·박형구 역, 『검증 국가전략 없는 일본』(서울: 한국해양전략연구소, 2007), p. 73.

에는 중요한 역할을 한다는 사실을 인정하는 추세이다.[39] 실효성이 의미를 가지는 것은 점유 현상을 승인하는 '현상 승인의 원칙(*uti possidetis juris*)'에 실효적 행정 행위가 추가됨으로써 행위와 법의 합치를 확인하게 되기 때문이다. '*uti possidetis juris*'라는 라틴어는 '네가 점유하기 때문에(as you possess)'라는 뜻으로, 정당하고 실제적인 영토의 점유에 기초하여야 소유권이 인정된다는 뜻이다.[40] 근대 사법도 이러한 입장을 계승하여 '물건의 사실상 지배'에 대하여서는 사회적 질서를 유지하기 위해 일정한 권리를 부여하는 동시에 사실상 지배가 있으면 본권을 추정할 수 있도록 하였다. 국제법 판례도 이와 같은 원칙을 채택하여 영토 분쟁에 관한 국제재판에서 영토를 점유한 국가에 본권이 있는 것으로 추정한다. 따라서 그 영토에 대하여 새로이 소유권을 주장하는 국가는 점유하는 국가의 부당성과 자국의 본원적 권리 또는 현재 점유하는 국가보다 우월적 점유 사실을 입증하여야만 소유권을 인정받을 수 있게 되는 것이다. 따라서 '현상 승인의 원칙'을 한국의 실효 지배라는 상황에 대입하면, 독도에 대한 무주물 선점이라는 사실을 입증해야 할 책임은 일본의 몫이 된다.

독도 분쟁은 근대가 동아시아에 남긴 대표적인 상흔이다. 이미 대부분의 세계는 다양한 형태의 지역공동체를 형성할 정도로 일체화되고 있지만, 동아시아 지역은 경계(line) 설정을 둘러싼 분쟁조차 아직 정리하지 못하고 있다. 중국과 일본 간에 진행되고 있는 조어도[41] 분쟁도 마찬가지

39 황용식, "독도 영유권에 관한 일본측 주장의 근본적인 문제점", 『외교』, 제94호(2010. 7), p. 83.

40 Benjamin K. Sibett, "Tokdo or Takeshima? The Territorial Dispute between Japan and The Republic of Korea", *FORDHAM International Law Journal,* Vol. 12(April 1988), p. 1632.

41 조어도는 일본명 '센카쿠(尖閣列島)', 중국명 '댜오위다오(釣魚島)', 대만명 '댜오위타이(釣魚臺)'로 칭해지는데, 아직 분쟁이 진행 중이기 때문에 본 서에서는 한국음 '조어도'로 표기한다.

이다. 최근 일본의 조어도 국유화 조치를 둘러싸고 양국 간 갈등이 심각한 수준으로 승급된 바 있다. 일본의 조어도 실효 지배를 방해하려는 중국의 시도와 이를 저지하려는 일본 간에 민간·군·정부가 투입된 전면전이 전개되었고, 아시아 복귀를 서두르는 미국까지 이에 개입하는 상황이 벌어졌다.[42] 몇 차례의 공방전을 치른 이후 지금은 소강 상태를 유지하고 있지만 일시적일 뿐이다. 양국은 최후의 결전을 위해 역사적 권원, 국제조약, 유엔해양법협약은 물론이거니와 경제적, 정치적, 군사적 압박까지 동원한 총력전을 준비하고 있다. 그 핵심에 자리하는 문제 중의 하나가 역사적 권원과 관련하여 양국이 주장하고 있는 '무주지 선점론'과 '역사주권론'이다. 조어도 분쟁의 양상은 독도 분쟁과 유사하다. 실효 지배라는 점에서는 중국의 입장이 한국과 다르지만, 일본의 '무주지 선점' 주장에 대해 '역사주권'으로 반박하고 있다는 점은 한국과 같다.

42 부근 해역에는 미·일이 반잠수함 기지 건설을 계획하고 있는 하지도(下地島)를 비롯한 군사기지가 위치하고 있다. (「國際先驅導報」, 2005년 2월 25일~3월 3일자)

제2부_독도 영유권

제5장 국민적 인식과 국가 행위

제6장 역사적 권원

제7장 국제법적 권원

제5장
국민적 인식과 국가 행위

1. 국민적 인식

우리나라 국민의 독도 영유권 인식은 삼국시대로 거슬러 올라간다. 『삼국사기(三國史記)』에는 신라 제22대 왕인 지증왕 13년에 '이사부'라는 장수가 우산국을 복속하였다는 내용의 기록이 있다. 이를 근거로 우리나라 국민은 독도는 역사 이래 우리나라 영토라는 사실을 인식하고 있다. 『삼국사기』의 관련 기록[43]을 보면, 우산국(于山國)은 명주(溟州, 현 강릉)의 정동(正東)쪽에 위치하고 있는 섬(海島)으로, 욱릉도(郁陵島)라고도 불렸는데,[44] 신라 하슬라주(何瑟羅州: 현재 강릉지역) 군주(軍主) 이사부(異斯夫)가 나무사자로 위협하여 굴복시킨 후 신라에 편입하였다는 내용이 기술되어 있다. 이로써 512년에 우산국이 신라에 편입되면서 우산국

43 十三年夏六月 于山國歸服 歲以土宜爲貢 于山國在溟州正東海島 或名郁陵島 地方一百裏 恃險不服 伊湌異斯夫 謂于三國人愚悍 難以威來 可以討服 乃多造木偶獅子 分載戰船 抵其國海岸 狂告曰 汝若不服 則放此猛獸 踏殺之 國人恐懼則降 十三年六月, 于山國歸服於新羅, 並每年上繳土產物, 于山國作爲溟州(현 강릉)正東方海上的一座島嶼或稱爲郁陵島, 此地方由於非常險惡, 所以人們不想屈服, 但自從伊滄異斯夫成爲阿琵羅主的軍主後, 把此地納入到新羅. … 于山國人民們因畏懼而馬上順從.

44 우산국의 다른 이름인 욱릉도(郁陵島), 울릉도(鬱陵島)는 향나무가 많아서 명명되었다.

과 함께 독도도 신라에 편입되었다.[45]

『고려사(高麗史)』에도 독도 영유권 인식이 담겨 있다. 고려 태조 때 우산국이 고려에 복속되어 조공을 바쳤고, 11세기 초인 현종 9년에는 중앙정부에서 우산국에 관원을 파견하여 통치권을 행사하였다는 기록도 있다.[46] 조선시대에 발행된 『세종실록』 「지리지」에는 "울릉도(무릉)와 독도(우산)가 강원도 울진현에 속한 섬"이며, "독도, 울릉도의 두 섬은 서로 멀리 떨어져 있지 않아 날씨가 맑으면 바라볼 수 있다."라고 기록되어 있으며, 『동국문헌비고』, 『만기요람(萬機要覽)』에도 독도에 관한 기록이 나타난다. 1897년에 국호를 바꾼 대한제국도 독도 영유권을 명확히 인식한 것으로 판단된다. 1900년 10월 25일에 발표된, '울릉도를 강원도에 부속시키고 울릉 전도와 죽도 및 석도를 관할한다'는 내용이 담긴 〈칙령 제41호〉가 그 증거이다.

이러한 사실들로 미루어 우리나라 국민들의 독도 영유권 인식은 신라시기부터 형성되어 현재까지 지속적으로 유지된 것임을 알 수 있다. 공식적인 역사기록 외에도 일반 주민들의 이야기를 들어 보면, 독도가 울릉도의 생활권에 속한 공간인, 일종의 텃밭이었음을 알 수 있다. 독도가 울릉도에서 87.4km 거리에 위치해 있어서, 맑은 날 울릉도에서 바라보면 육안으로도 독도가 보이기 때문에 울릉도 주민이 일찍이 독도를 인식하지 못했다는 것은 어불성설이다. 주민들의 이야기를 들으면 예로부터 성어기를 맞으면 울릉도뿐만 아니라 울진, 울산, 여수 등지에서 어선들이 몰려들어 독도 해역에서 조업을 했다고 한다. 일제 강점기에 일본인들의 울

45 시대별 독도 연표는 독도박물관 홈페이지(http://www.dokdomuseum.go.kr)에서 '독도이야기'의 '울릉도/독도연표'를 참고할 것.

46 최종팔, "독도 문제 분석과 전망", 『한국행정학회 하계학술발표 논문집』(서울: 한국행정학회, 2012), p. 4.

릉도 이주가 있기는 했지만, 당시 대부분은 울릉도에 살던 조선 사람, 대한제국 사람들이 독도를 텃밭으로 활용했다. 일제 패망 후에도 변함이 없었다. 이주했던 일본인이 떠난 후에도 원래의 울릉도 사람들이 독도를 찾았다. 정치적으로 국체의 변동이 있었음에도 불구하고 사람과 땅의 이 같은 관계가 변한 적은 없었다. 독도 해역을 찾고 독도가 만든 미역과 전복을 먹으며 생활하는 사람들은 예나 지금이나 그 사람들이다. 그 사람들이 바로 대한민국 울릉도의 사람이고 독도의 사람이다. 이들은 자신들이 사는 섬이 남의 땅이라 생각해 본 적이 없다. 땅은 그 땅에 사는 사람들의 것이어야 한다는 것은 만고불변의 진리이다. 그래서 안용복은 당당하게 일본 어부들을 상대할 수 있었던 것이다. 지금도 이 사실은 변함이 없다.

2. 국가 행위와 연속성

1) 조선조·대한제국

공도 정책으로 일관하던 조선 정부는 일본의 노골적인 침략이 자행되자 본격적으로 도서 관리에 착수했다. 19세기 중엽부터 일본인이 울릉도 해역으로 진출하여 조업하고 울릉도에 정주하면서 '송도'라고 적힌 팻말을 세우기도 하였다. 1881년에는 울릉도 수토관이 일본인의 무단 벌목을 적발하고 조선 조정에 보고하게 되고, 이것이 외교 문제로 비화되었다. 조선 통리기무아문은 일본인의 울릉도 무단 벌목은 국경 침범의 문제이기 때문에 이를 금지시켜야 한다고 판단하여, 일본 외무성에 문서를 보내 강력히 항의하였다. 또 조선 정부는 울릉도에 대해 공도 정책을 철회하고 관리를 파견하여 조사하게 했다. 고종은 울릉도 검찰사로 이규원을 파견하고 울릉도 내 일본인에 대한 검찰뿐만 아니라 우산도 등 부속도서 조사

그림 6 『울릉도 검찰 일기』[47]

와 울릉도 개척을 지시하였다. 1882년 4월 30일, 울릉도에 도착한 이규원은 주변 해안과 내지를 답사한 후 조선 각 도에서 이주민을 모집하여 개간하는 방식으로 울릉도를 개척해야 한다고 조정에 제안했다. 이규원의 제안으로 400여 년간 지속되던 울릉도 수토 정책이 폐지되고, 정부 차원의 전면적이고 적극적인 관리 정책이 수립되었다. 당시 정황들은 이규원의 『울릉도 검찰 일기(鬱陵島檢察日記)』(1882)에 잘 나타나 있다.

이규원의 울릉도 개척은 독도 관리를 강화하는 계기가 되었다. 이후 정부는 도장(島長)을 임명하여 관리하다가 도감(島監)을 뽑아 판임관 대우로 하였다. 「울릉도 도감 교지(鬱陵島島監敎旨)」(1890)는 그 증거 자료이다. 1900년 10월, 대한제국은 〈칙령 제41호〉를 반포하여 법적인 근거를 마련하고 울릉도를 독립된 군으로 승격시켰고, 지방행정장관인 군수로 하여금 울릉도와 독도를 관할하도록 하였다.

당시 울도 군수이던 심흥택의 활동도 돋보인다. 일본이 시마네현을 독도에 편입하게 된 것은 러시아와의 전쟁 준비 때문이었다. 그래서 일본은

47 본 서의 독도 관련 지도자료와 문헌자료의 사본은 독도박물관에서 제공한 자료이다.

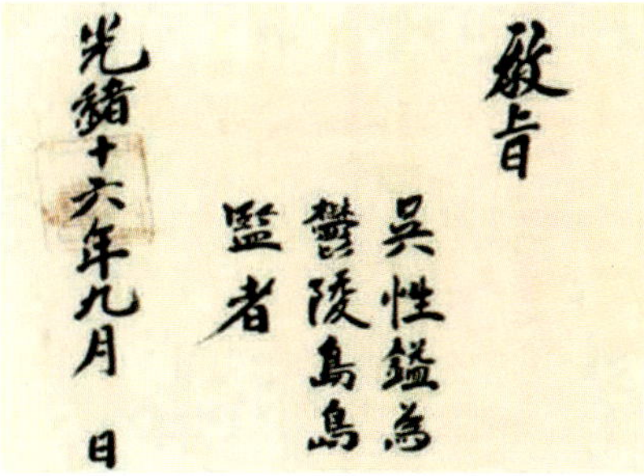

그림 7 「울릉도 도감 교지」[48]

독도의 영토 편입에 앞서 당사국인 대한제국과 협의하고 통보했어야 함에도 불구하고 무주지 선점을 주장하며 〈시마네현 고시 제40호〉를 통해 독도를 불법 편입한 것이다. 편입 후에는 대한제국 정부와 주요 열강들의 반발을 우려해 공표하지도 않았다. 당시 울도 군수이던 심흥택은 상관인 강원도 관찰사 이명래와 조정 내부에 이 같은 사항을 신속히 전하여 우리의 영토를 지키기 위한 대응 방안을 구상하는 데 도움을 주었다. 이 보고를 받은 의정부 참정대신 박제순은 그해 5월 20일자 〈지령 제3호〉를 통해 독도의 일본 영토 편입을 부인하고, 독도가 대한제국 영토임을 명백히 하였다.

심흥택의 이러한 대응이 가지는 의의는 1905년 당시 일본의 독도 편입 근거인 독도가 주인 없는 땅으로서 무주지였으므로 이를 선점했다는 주장이 억지 주장이라는 것을 알 수 있는 증거라는 것이다. 울도 군수인 심흥택이 일제가 독도를 일본 영토로 편입하였다는 사실을 듣고 자신의 상관인 이명래와 조정에 알렸다는 것은 이 당시에도 독도가 우리의 땅이라는 인식이 우리 조선인들에게 널리 있었다는 증거가 된다.

48 「울릉도 도감 교지(鬱陵島島監敎旨)」(1890)는 오성일을 울릉도 도감에 임명한다는 임명장이다.

2) 대한민국

독도 영유권 관련 대한민국 정부의 국가 행위는 이승만 대통령의 '평화선' 선언에서 시작된다. 대한민국은 〈샌프란시스코 강화조약〉이 발효되기 직전에 대통령 이승만이 이른바 '이승만 평화선', 즉 '인근해역 주권에 관한 대통령 선언'을 발표하였다. 한반도와 인접 도서연안의 대륙붕과 소속 범위 내의 해역에 국가 주권을 행사한다고 선포를 하고, 독도를 한국의 영토범위에 귀속시킨다고 발표한 것이다.[49] 6·25 전쟁이 마무리되던 1953년 4월[50]에는 울릉도 주민을 중심으로 독도의용수비대가 결성되었으며, 그해 7월에는 대한민국 국회에서 독도 사수에 대한 결의가 있었다. 1956년 12월부터는 대한민국 경찰이 독도에 투입되어 경비 임무를 맡게 되었으며, 이후 독도에 대한 일반인의 출입이 금지되었다. 1953년 8월에는 독도영토비가 건립되었고, 1954년 1월에는 영토 표지가, 그해 8월에는 무인 등대가 설치되었다. 1954년 9월 25일, 일본 정부는 국제사법재판소에 영유권 분쟁의 최종 결정을 위임하자고 대한민국 정부에 제안했으나, 대한민국 정부는 독도는 명백히 대한민국 영토이므로 국제사법재판소에 위임할 문제가 아니라고 판단하였고, 그해 10월 28일에 일본 정부의 제안을 거부하였다.

이 문제는 1965년 6월 한·일 국교 정상화 과정에서 '평화선'에서 규정한 '어업경계선'을 대신하는 한일어업협정을 체결하는 것으로 마무리되었다. 영유권 문제와 해양의 이용 문제를 구분하여 영유권 문제 해결을 유보한 것이다.

1970년대 초에 한국 정부는 독도에 등대를 설치하고 독도 개발 계획을

49 陳剛華, "한·일 독도(죽도)분쟁과 미국의 관계", 『獨島硏究』 제7호, p. 255~256.

50 6·25 전쟁의 휴전 협정일은 1953년 7월 27일이다.

발표하였다. 이에 일본 정부는 독도 영유권을 주장하면서 순시선과 항공기를 급파하여 한국 정부의 실효 지배를 방해하였다.[51] 일본 정치권에서도 총리 및 외상들이 독도가 일본의 영토라고 주장을 하기 시작하였다. 급기야 1981년 8월 28일 새벽 5시 50분, 일본 해안보안청 소속 순시선 오키호가 독도 영해를 침범한 사건이 발생했다. 당시 일본 순시선은 독도등대 앞 동쪽 500m 해상까지 접근하여 승무원 10여 명이 10분간 쌍안경으로 독도등대를 관찰하고 돌아갔다. 그 후 대한민국 정부는 헬리콥터 이·착륙 시설(1981), 레이더 기지(1993), 500톤급 선박이 입·출항할 수 있는 접안 시설과 어민 숙소(1997), 유인 등대(1998) 등을 설치하였다.

독도 영유권에 대한 법적 판단에서도 한국 정부의 입장이 표명되었다. 신한일어업협정(1998) 체결 이후 논란이 되었던 독도의 기점 문제와 관련하여 제기된, 독도 영유권이 침해되었다는 주장에 대해 헌법소원심판 청구에서 헌법재판소가 이를 기각한 바 있다. 당시 판결문의 요지는 어업을 위해 양국이 정한 수역과 독도의 영유권 및 영해 문제는 서로 관련이 없다는 내용이다.

지방정부 차원에서의 행위도 있었다. 먼저 경상북도 울릉군 의회가 독도의 행정구역을 변경하는 내용의 조례를 통과시켰다(2000년 3월 20일). 이로써 독도의 행정구역의 명칭이 2000년 4월 1일부터 종래의 '경상북도 울릉군 울릉읍 도동리 산 42~78번지'에서 '경상북도 울릉군 울릉읍 독도리 산 1~37번지'로 변경되었다. 2005년 1월 14일, 일본 시마네현 의회가 예전에 독도를 일본 영토로 편입시키는 것을 고시한 날인 2월 22일을 '다케시마(竹島)의 날'로 정하는 조례안을 상정하였다. 그리고 그해 3월 16일에 이를 최종 통과시켰을 때, 대한민국 정부는 이에 항의하였다. 지방

51 정영우, 『독도 분쟁과 군사적 대처방안에 관한 제언』(서울: 합동참모본부, 2006), p. 24.

정부 차원에서 경상북도 의회는 10월을 '독도의 달'로 하는 조례안을 가결시켰다(2005년 6월 9일). 그해 노무현 대통령은 독도가 대한민국의 영토임을 대내외적으로 표명하였고, 2012년 8월 10일에는 이명박 대통령의 독도 방문이 실행되었다.

국가 행위라는 측면에서 대한민국 정부는 독도 영유권을 가진 국가로서 행해야 할 정책과 조치들을 실행하였기 때문에 충분한 법적 요건을 갖춘 것으로 판단된다. 특히 대통령의 독도 방문은 실효 지배라는 현재의 상황을 제삼자에게 인식시키는 데 유효했다. 일본을 제외하고는 어떠한 국가도 이명박 대통령의 독도 방문이 불법 내지 침범이라고 지적한 사례는 없다. 이는 이미 국제사회가 '독도는 한국 영토'라는 인식을 가지고 있고, 이를 인정하고 있음을 뜻한다. 결국 독도에 대한 국민적 인식이 거의 100% 수준인 대한민국이 독도의 주인인 것이다.

지금까지 설명한 독도 관련 사건과 정부 차원의 노력을 시기별로 정리하면 다음과 같다.

- 신라 이찬(伊飡) 이사부(異斯夫), 우산국을 정벌함(512).
- 『삼국사기』 편찬. 512년에 우산국이 신라에 복속되었음이 서술됨(1145).
- 울릉도 주민 쇄환(刷還)(1417).
- 『신찬팔도지리지』 편찬(1432).
- 『세종실록』「지리지」 편찬(1454).
- 일본 도쿠가와(德川) 막부, 호키국(伯耆國: 돗토리번[鳥取藩]의 일부) 태수(太守)에게 요나고(米子)의 오야(大谷)·무라카와(村川) 양가(兩家)에 대해 울릉도 도해(渡海)를 면허함(1625).
- 안용복(安龍福), 박어둔(朴於屯)이 일본 오야(大谷) 선원들에 의해

일본으로 납치됨(1693).

- 장한상(張漢相)이 울릉도를 조사하고 삼척으로 귀환한 후 정기적으로 울릉도를 수토(搜討)하기로 결정함(1694).[52]
- 일본 도쿠가와(德川) 막부가 울릉도 도해 금지령을 대마번(対馬藩)에 전달함(1696).
- 안용복(安龍福) 등이 울릉도에 출어(出漁)한 일본 어선을 추격하여 자산도(독도)까지 따라가 그들을 쫓아냄.
- 프랑스 포경선(捕鯨船) 리앙쿠르(Liancourt)호가 독도를 발견하고 'Rochers Liancourt(Liancourt Rocks)'로 명명함(1849).
- 일본 외무성 관리(사다 하쿠보[佐田白茅] 등)가 '울릉도와 독도가 조선의 부속'이라는 사실을 재확인함(1870).[53]
- 일본 최고행정기관인 태정관(太政官)이 지적 편찬상 문제가 된 울릉도 외 1도(독도)가 일본령이 아님을 내무성(內務省)에 지령함(1877).[54]
- 울릉도 검찰사 이규원(李奎遠) 일행이 울릉도를 검찰함(1882).
- 〈칙령 제41호〉로서 '울릉도(鬱陵島)를 울도(鬱島)로 개칭(改稱)하고 도감(島監)을 군수(郡守)로 개정(改正)한 건(件)'을 제정·반포함. 이 칙령의 제2조에 울도군(鬱島郡)의 관할 구역으로 울릉 전도(鬱陵全島)·죽도(竹島)와 함께 석도(石島, 독도)를 규정함(1900).

52 울릉도 수토 제도(1697~1894)란 안용복 사건 이후 3년에 한 차례씩 울릉도에 관원을 파견하여 울릉도를 살펴보도록 한 제도이다.

53 죽도(울릉도)와 송도(독도)가 조선 부속으로 되어 있는 전말을 일본 외무성과 태정관이 지시한 조사 사항에 대한 복명서인 『조선국교제시말내탐서(朝鮮國交際始末內探書)』에 기록하였다.

54 「태정관지령」의 관련 내용은 이렇다. "품의한 취지의 죽도(울릉도) 외 1도의 건에 대하여 일본은 관계가 없다는 것을 명심할 것"이다.

- 일본이 〈시마네현 고시 제40호〉를 통해 독도의 영토 편입을 고시함(1905).
- 시마네현 민·관 시찰단이 울릉도에 상륙하고 군수 심흥택(沈興澤)을 방문하여 독도가 일본 영토로 편입되었음을 알림(1906).
- 강원도 관찰사서리(江原道觀察使署理)인 춘천군수(春川郡守) 이명래(李明來)가 의정부 참정대신에게 울도 군수 심흥택(沈興澤)의 보고를 재보고함(1906).
- 의정부 참정대신이 강원도 관찰사에게 〈지령 제3호〉로 독도의 일본 '영지지설(領地之說)'을 부인하고, 독도의 형편과 일본인들이 어떻게 행동하였는지 다시 조사·보고할 것을 지령함(1906).
- 한·일 강제 병합(1910).
- 한국 광복(1945).
- 연합국 최고사령부는 지령 제677호(〈SCAPIN 제677호〉)를 내려 일본에서 제외되는 섬으로 울릉도와 독도를 언급함(1946).
- 〈샌프란시스코 강화조약〉이 체결됨. 일본이 한국에 대하여 모든 권리, 권원, 청구를 포기하는 지역에 제주도, 거문도, 울릉도가 대표적으로 예시됨(1951).
- 〈인접해양에 대한 주권에 관한 선언〉(〈국무원 고시 제14호〉)을 공포함(일명 '평화선')(1952년 1월 18일).
- 일본 정부가 한국 정부의 '평화선' 선포에 항의함과 동시에 독도에 대한 한국 영유권을 부정하는 외교문서를 보내옴(1952년 1월 28일).
- 홍순칠을 비롯한 독도의용수비대가 독도에 입도함(1953년 4월).
- 한·일 간 독도에 대한 정부의 견해가 구술서의 형태로 내왕함. 일본 측은 총 4회, 한국 측은 총 3회에 걸쳐 진행함(1953~1965).
- 한국 정부가 일본 정부의 '독도 문제 국제사법재판소 회부' 제의를

거부함(1954).

- 한국 정부가 독도 동도 정상에 무인 등대를 설치함(1954년 8월 15일).
- 한일기본관계조약 체결(1965).
- 독도 경비 임무를 독도의용수비대에서 울릉경찰서로 완전 이관함(1956).
- 울릉군 주민 최종덕(崔鍾德) 씨, 도동 어촌계 1종 공동어장 수산물 채취를 위해 독도에 들어가 거주하기 시작하고(1965), 시설물 건립에 착수함(1968).
- 울릉도·독도에 대한 제3차 종합학술조사(경북대학교 주관)가 실시됨(1977).
- 울릉군 주민인 최종덕(崔鍾德) 씨가 최초로 독도에 주민등록(울릉읍 도동리 산 67번지)을 이전함(1981).
- 독도를 '천연기념물 제336호 독도 해조류 번식지'로 지정함(1982).
- 독도를 '천연기념물 제336호 독도천연보호구역'으로 명칭 변경함(1999).
- 한·일 간 신한일어업협정이 체결됨(1998).
- 울릉군 조례로 '독도리'가 신설됨(2000). '경상북도 울릉군 울릉읍 도동리 산 42~76번지'에서 '경상북도 울릉군 울릉읍 독도리 산 1~37번지'로 변경됨(2000).
- 독도에 우편번호(799-805)가 부여됨(2003년 1월 1일).
- 일본 시마네현이 '죽도(다케시마)의 날'을 제정함(2005).
- 김성도 씨, 독도리 이장에 취임하고(2007), 독도에서 대통령 부재자 투표가 사상 처음으로 실시됨(2007년 12월 13일).
- 한국 정부가 '동북아의 평화를 위한 바른 역사 정립 기획단'을 설치하고 동북아역사재단을 출범시킴(2006).

- 일본 측은 시마네현이 '죽도문제연구회'를 열고, 최종 보고서를 제출함(2007).
- 일본 정부는 외무성 홈페이지에 '죽도' 문제를 이해하기 위한 10개의 포인트를 게재함(2008).
- 한국 측, 경상북도 독도수호대책본부 발족(2008), 동북아역사재단 독도연구소 개소(2008).
- 한국 측, 이명박 대통령이 독도를 방문함(2012년 8월 10일).

제6장
역사적 권원

1. 지도자료와 역사주권

역사적 권원과 관련하여 지도의 증거 능력에 대한 회의적 시각이 많은 것은 사실이지만, 여전히 가장 보편적이고 설득력 있는 자료가 지도자료이다. 지도의 진실성과 그에 따른 증거 능력에 대해서는 논란이 많은데, 그 이유는 메르카토르도법에 의해 작도된 근세 유럽의 지도가 소비자들 취향에 맞추어 조작된 사례를 보면 잘 알 수 있다. 지도 제작 기술이나 기법을 떠나, 지도 제작 자체는 정치적 행위이다. 즉 실제보다는 정치적 의도에 따라 작도되는 경우가 많고, 대부분의 경우 강자의 의도대로 작도된다.

독도 문제에서 지도가 차지하는 위치는 매우 중요하다. 대한제국 이전의 지도 대부분은 독도를 한반도에 부속된 섬으로 표기하고 있고, 이는 일본 측 지도에서도 마찬가지이다. 그럼, 독도 문제와 관련하여 조선 지도와 일본 지도의 내용을 보고, 이어서 제삼국의 지도자료도 살펴보자.

1) 조선의 지도자료

'독도'가 가장 처음으로 명시된 조선의 고지도는 〈팔도지도(八道地圖)〉인 것으로 추정된다. 〈팔도지도〉는 세종 17년(1435)부터 성종 12년

그림 8 〈동람도〉[55] 중 하나

(1481) 사이에 제작되었다. 이 지도에는 우산도가 울릉도의 서쪽에 있으며 울릉도는 무릉도로 표기되어 있고, 두 섬이 실제보다 본토 쪽에 가깝게 표시되어 있다.

독도가 등장하는 또 하나의 고지도는 〈동람도(東覽圖)〉이다. 『신증동국여지승람(新增東國輿地勝覽)』(1530)의 제1권에 있는 〈팔도총도(八道總圖)〉 1매와 각 도(道)의 첫머리에 첨부된 〈도별도(道別圖)〉 8매를 합하여 〈동람도〉라 한다. 목판본으로서 각 지도의 중앙 부분에 '동람도'라고 판각되어 있어서 그렇게 칭하게 된 것이다. 이들 지도는 지형의 정확한 윤곽보다는 목판의 크기와 모양에 맞도록 그려져 있다. 이 때문에 〈팔도총도〉는 남북의 길이가 짧게, 동서의 폭이 넓게 그려져 있어, 한반도 전체가 남북으로 압축된 느낌을 준다. 특히 북부지방이 심하여, 두만강 하류가 압록강 하류보다 낮게 그려져 있다. 〈도별도〉는 왜곡된 정도가 〈팔도총도〉만큼 심하지는 않다. 〈동람도〉에 표시된 우산도는 울릉도의 서쪽에 있으며, 육지와의 거리가 〈팔도지도〉의 그것과는 다르게 비교적 정확하게

55 조선시대, 작자 미상, 1530년, 목판본, 32.6×21.6cm, 개인 소장.

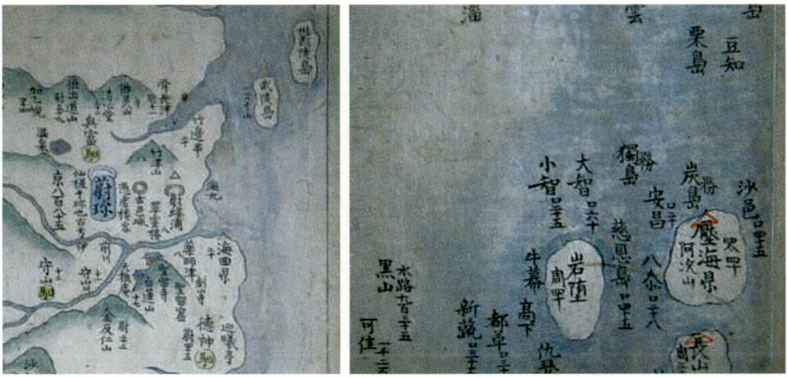

그림 9 〈동여비고〉의 관련 부분[56]

표시되어 있다.[57]

『동여비고(東輿備考)』에도 독도가 등장한다. 『동여비고』의 제목은 『동국여지승람(東國輿地勝覽)』의 그것에서 유래한 것으로 추정되는데, 제목의 뜻은 『동국여지승람』을 독도하는 데 참고가 되는 지도라는 것이다.[58] 『동여비고』는 숙종 8년(1682)에 제작된 것으로 추정된다. 우산도가 울릉도의 서쪽에 위치하고 '무릉도'라고 표기되어 있는데, 그 옆에 '우산도'라 부른다는 설명이 첨부되어 있다.

56 이상태, "동여비고에 관한 연구", 『실학사상연구』(모악실학회, 1999), 제10·11합집 참조.

57 조선조의 몇몇 지도에 우산도를 울릉도의 서쪽에 표기한 것과 관련하여 다양한 이견이 있다. 첫째는 『세종실록』「지리지」에 우산도가 먼저 나오기 때문에 우산도가 육지와 가까운 서쪽에 그려졌다고 하는 설이다. 둘째는 당시 이 지역에 대한 지리적 정보가 부족하였기 때문이라는 설이다. 셋째는 지도가 담는 내용이 국가 기밀 사항들이었기 때문에 정확하게 표기하지 않았을 수도 있다는 설(『동국여지승람』도 간행된 후 관청에 비치하고 참고할 수는 있어도 민간인이 이를 소장하는 것은 금하였다. 『연산군일기(燕山君日記)』 卷 58, 11年 7月 戊戌 참조) 넷째는 당시 지도 제작 과정에서 판본의 크기 때문에 동쪽에 있는 우산도를 접어서 서쪽에 표시한 것이라는 설이다. 당시 지도가 대부분 목판본이었다는 사실을 고려하면 울릉도와 우산도의 크기가 비슷하다는 점, 위치가 뒤바뀌었다는 점 등은 인식의 잘못이 아니라 지도 제작의 기술상의 기교였다고 볼 수 있다.

58 김화경, "한국 고지도에 나타난 독도 인식에 관한 연구", 『독도 영유권 확립을 위한 연구』(2009) 참조.

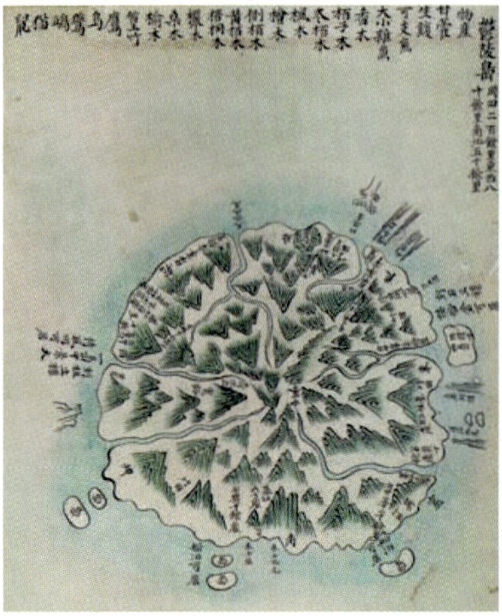

그림 10 『해동지도』[59]의 관련 부분

조선 정부에서 편찬한 전국 군현지도집인 『해동지도(海東地圖)』에도 울릉도의 모습이 잘 나타난다. 전체 6권으로 된 『해동지도』(1750년대 초반)의 제3책 『강원도(江原道)』의 〈울릉도(鬱陵島)〉에는 지형, 주변도서, 해안선을 비롯하여 울릉도 사람들의 생활공간과 흔적, 살 수 있는 터전까지 자세하게 표시하였다. 이 지도에서는 울릉도의 주변 도서가 6개인 것으로 표시하고 있는데, 여기에 "소위 우산도"라고 기재되어 있다. 이상태(2007)의 설명을 보면, "울릉도 지도에서는 산맥과 하천 등을 상세히 그렸고, 민간인이 살고 있는 곳을 하나하나 표시하였으며, 몇 집이 살 수 있는가를 적어 놓았다. 울릉도 주변에 있는 섬들을 모두 표시하고 특별히 독도를 그린 후에 '소위 우산도(독도)'라고 기록하였다."라고 해설하고 있다.[60]

비변사에 소장되었던 『조선지도(朝鮮地圖)』에도 울릉도, 독도가 잘

59 『해동지도(海東地圖)』, 『강원도(江原道)』, 〈울릉도(鬱陵島)〉, 1750년대 초, 서울대학교 규장각 한국학연구원 소장.

60 이상태, 『사료가 증명하는 독도는 한국 땅』(경세원, 2007), p. 94.

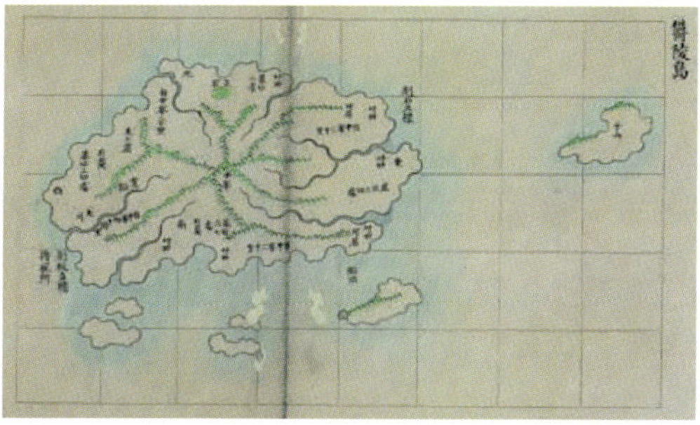

그림 11 『조선지도』[61]의 〈울릉도〉

나타난다. 이 책은 전체 7책으로 구성되었고, 채색 필사본 방안 지도책으로 비교적 정확하게 그려진 것으로 평가된다. 방안지도의 제작 기법을 도입·반영하여 지도상의 위치, 크기 등이 더 정확해졌다. 이 책의 〈울릉도〉에 우산도가 울릉도와 상당한 거리를 두고 표시되어 있어서, 이 섬이 오늘날의 독도를 가리키는 것임을 쉽게 알 수 있다.

김정호는 순조 34년(1834)에 조선 전국을 29층으로 나누어 〈청구도(青邱圖)〉를 제작하였다. 울릉도와 우산도는 제18층 3폭과 4폭에 걸쳐 그렸다. 두 폭의 지도를 맞추어 보면 『조선지도』의 〈울릉도〉와 유사하다. 우산도에 부기된 설명문의 내용은 다음과 같다.

> 영조 11년(1735)에 강원감사 조최수가 수토관을 파견하여 보고받은 사항을 조정에 보고한 바에 의하면, 울릉도는 땅이 넓고 토지가 비옥하여 예전에 민간인들이 살았던 옛터가 있으며 또 그 서쪽에 우산도가 있는데, 역시 땅이 넓다고 하였다. 우산도가 울릉도의 서쪽에 있다는 말은 이 지도와 비교할 때 울릉도의 동쪽에 있는데, 그 말이 맞지 않고 서로 어긋난다.

61 『조선지도(朝鮮地圖)』, 〈울릉도〉, 18세기, 서울대학교 규장각 한국학연구원 소장.

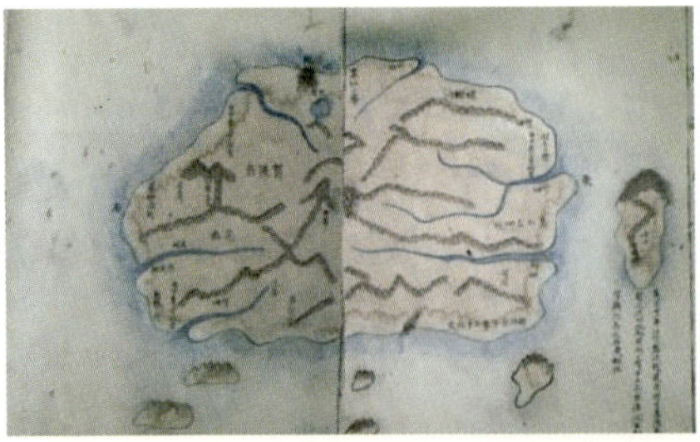

그림 12 〈청구도〉의 관련 부분

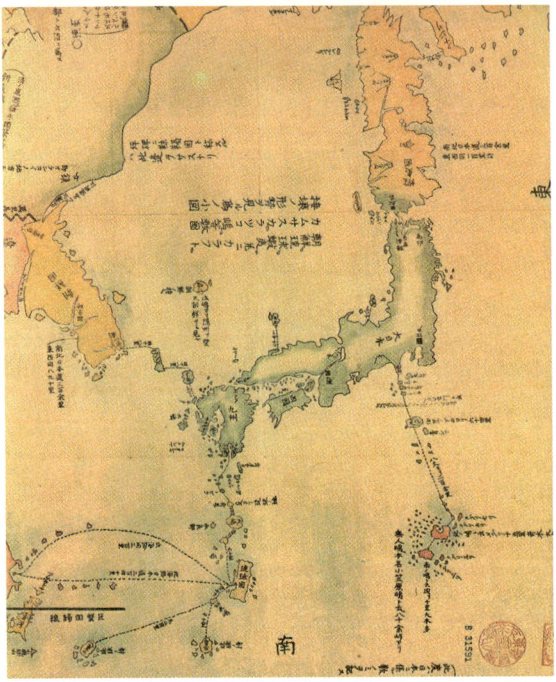

그림 13 〈삼국접양지도〉[62]의 관련 부분

조선시대 최고의 지도는 김정호의 〈대동여지도(大東與地圖)〉이다. 안타까운 점은 여기에 독도가 누락되어 있다는 것이다. 〈대동여지도〉의 전신이라고 할 수 있는 〈청구도〉에 울릉도와 독도가 상세히 설명되어 있다

62 하야시 시헤이(林子平), 1785년, 임덕순 교수 소장.

는 점을 고려하면, 김정호는 독도를 정확하게 인식하고 있었던 것으로 판단된다. 그러면 〈대동여지도〉에 독도가 누락된 이유는 분명하다. 이것은 목판본으로 제작한 지도이기 때문에 판각상의 문제나 기술상의 문제로 생략하였던 것이다.

2) 일본의 지도자료

독도가 우리나라의 영토임을 표시한 일본 측 지도자료도 많다. 지금부터 일본의 지도자료를 살펴보자.

대표적인 것이 〈삼국접양지도(三國接壤之圖)〉이다. 〈삼국접양지도〉는 1785년에 제작된 것으로, 하야시 시헤이(林子平)의 『삼국통람도설(三國通覽圖說)』[63]에 첨부된 부도 5장 가운데 하나이다. 이 지도를 보면, 국가를 구분하기 위해 조선은 황색, 일본은 녹색, 중국은 홍색 등으로 채색을 달리하였다. 울릉도와 독도는 한반도와 동일한 색상으로 채색되어 있으며, 그 옆에 "조선의 소유이다."(朝鮮ノ持也.)라고 명시되어 있다.

〈일본변계약도(日本邊界略圖)〉(1809)에도 독도의 위치가 표기되어 있다. 이 지도는 일본 정부가 당시 천문관인 다카하시 가게야스(高橋景保)에게 지시하여 만들게 한 지도로, 세계 지도인 〈신정만국전도(新訂萬國全圖)〉[64](1810)를 제작하기 전 단계에 만들어진 것이다. 이 지도는 동해 해역 명칭을 '조선해(朝鮮海)'로, 울릉도[茂陵島]와 독도[千山島]를 원산만(현 영흥만)에 표기하였다. 지리적 위치의 오차가 있지만, 당시 일본이

63 에도 시대 후기의 경세 사상가로 알려진 하야시 시헤이(林子平)가 1785년에 간행한 것으로, 일본, 조선, 유구(현 오키나와), 에조(현 홋카이도 북반부) 등 4국의 위치와 관계, 주변 각국의 지리 및 풍속을 소개한 군사지리서이다.

64 막부의 명을 받아 다카하시 가게야스(高橋景保) 등이 제작한 지도. 이 지도에는 반도 형태의 조선이 표기되어 있고 도별 명칭과 도시명이 기재되어 있다. 동해는 '조선해'로 표기되어 있으며, 일본의 동쪽이 '대일본해'로 표기되어 있다.

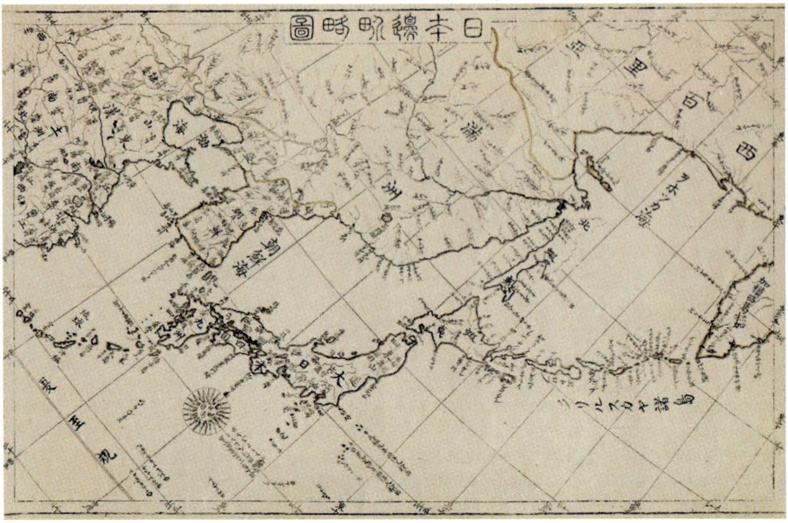

그림 14 〈일본변계약도〉[65]

그림 15 〈조선국도〉[66]

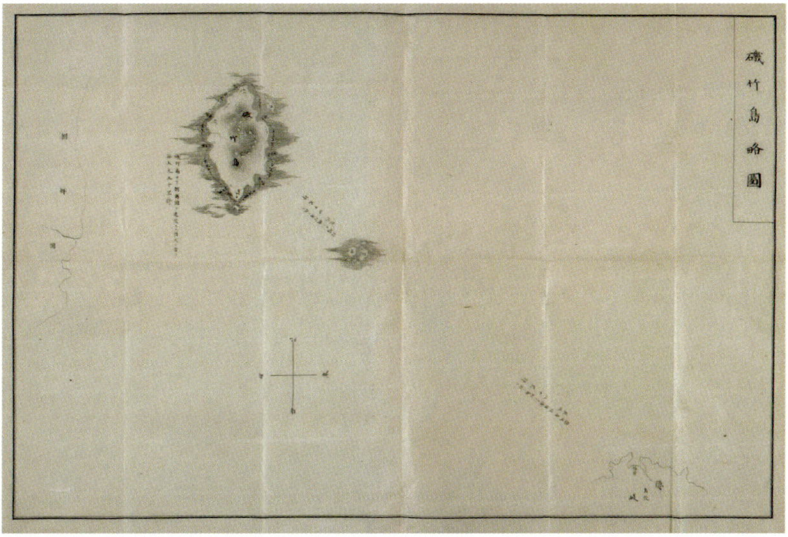

그림 16 〈기죽도약도〉[67]

독도를 조선의 영토라고 인식하고 있었음을 보여 주는 자료이다.

일본의 백과사전 『강호대절용해내장(江戶大節用海內藏)』[68]의 부록 지도인 〈조선국도(朝鮮國圖)〉에도 독도가 표시되어 있다. 〈조선국도〉는 1704년에 초판되고, 1863년에 보각되었는데, 내용 가운데 울릉(鬱陵)을 '작릉(爵陵)'으로, 독도를 의미하는 우산도(于山島)를 '자산도(子山島)'로 표기하고 있다. 백과사전에 수록된 정보라는 점을 미루어 보면, 당시 일본인들이 가진 보편적인 인식에서 독도는 조선의 영토였음을 알 수 있다.

일본 정부가 공식적으로 조선의 독도 영유권을 표시한 문서인 「태정관 지령(太政官指令)」에 첨부된 〈기죽도약도(磯竹島略圖)〉(1877)는 구체

65 다카하시 가게야스(高橋景保), 1809년, 동북아역사재단 소장.

66 모리 후사이(森楓), 1863년, 이돈수 교수 소장.

67 태정관, 1877년, 일본국립공문서관 소장.

68 『강호대절용해내장(江戶大節用海內藏)』은 1863년에 편찬된 백과사전이다.

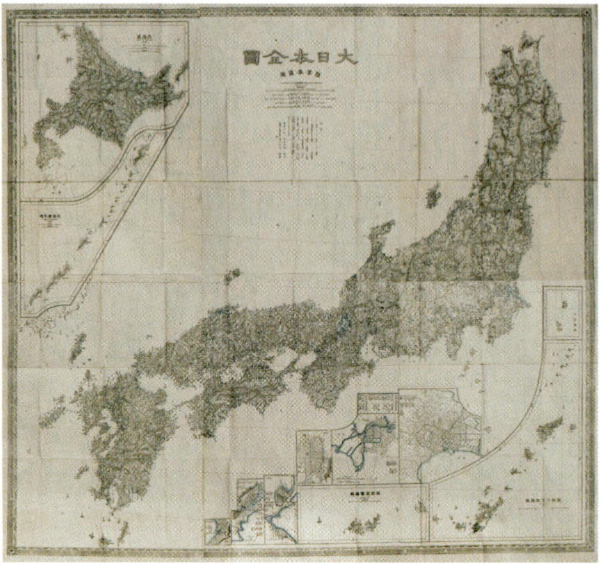

그림 17 〈대일본전도〉[69]

적이고 정확하게 독도의 존재를 표시하고 있다. 1877년 3월, 일본 내무성이 최고행정기관인 태정관에 '울릉도(磯竹島) 외 1도(松島)'를 지적에 포함시킬 것인가에 대한 질의를 보냈고, 태정관은 두 섬이 일본과 관계없다고 공식 결정한 문서를 회신했다. 당시 일본 정부는 "울릉도와 독도는 일본 땅이 아니므로 시마네현 지적에 올리지 말 것"이라는 내용을 담은 공문을 하달하였고, 그때 첨부된 지도가 〈기죽도약도〉이다.[70]

메이지 시대 일본 정부의 독도 인식을 볼 수 있는 지도는 〈대일본전도(大日本全圖)〉(1877)이다. 이 지도는 메이지 시대의 일본이 제작한 일본,

69 육군참모국, 1877년, 호사카 유지 교수 소장.

70 「태정관지령(太政官指令)」은 오늘날의 일본 총리 훈령에 해당하는 것으로, 1987년에 교토대학 교수의 논문 발표로 알려지게 되었다. 첨부 지도인 〈기죽도약도(磯竹島略圖)〉는 2006년에 가나자와 교회의 목사에 의해 발견·공개되었다.

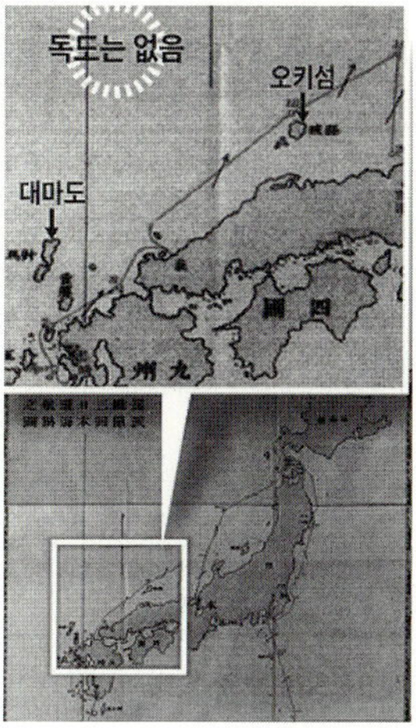

그림 18
〈쓰쿠바함 제3회 일본 환해 항적 지도〉와 관련 설명[71]

조선, 청국의 전도 가운데 가장 먼저 완성된 것이다. 당시 육군참모국이 주도하여 작성해, 일본의 영토 전체가 자세하게 표시되어 있는데, 독도는 없다. 이는 당시 일본의 독도 영유권 인식이 없었다는 증거이다.

1879년, 일본 해군 수로부가 작성한 측량 보고서인 「오키회항약기(隱岐回航略記)」를 보면, 독도가 오키 섬의 부속도서가 아니었다는 점이 분명하다. 당시 측량 책임자였던 기모쓰키 가네유키(肝付兼行)는 오키 섬의 위치를 "북위 35도 57분～36도 18분, 동경 132도～133도 23분"이라 기록했는데, 이는 '북위 37도 14분, 동경 131도 51～53분'인 독도의 실제 위치와 전혀 다르다. 지도상에도 일본 영역에 독도가 표시되어 있지 않다. 일본의 이러한 독도 인식이 1879년과 1883년 일본 해군의 쓰쿠바(筑波)함이 일본 열도 주위를 한 바퀴 항해하고 경로를 표시한 지도에도 나타난다. 특히 〈쓰쿠바함 제3회 일본 환해 항적 지도〉는 유구(琉球)와 먼

71 「조선일보」, 2013년 5월 9일자. 이 지도는 한철호 교수(동국대 역사교육과)가 발굴하여 공개한 자료이다.

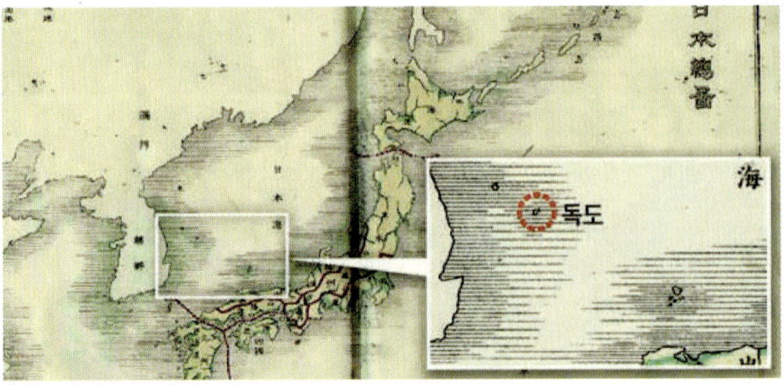

그림 19 『신찬지지』의 관련 지도와 설명[72]

태평양의 오가사와라(小笠原) 제도까지 포함했는데도 독도는 전혀 표시하지 않았다.

1887년 당시 일본 민간의 독도 인식을 알 수 있는 자료는 지리학자 오카무라 마쓰타로(岡村松太郎)가 펴낸 『신찬지지(新撰地誌)』이다. 이 지도는 개인 출간물이지만 문부성 판권 허가를 받아 시중 교과서로 쓰였는데, 제2권 『일본총도(日本總圖)』에서 울릉도·독도가 조선의 영토를 나타내는 가로줄 표시 안에 포함되어 있다. 이는 오카무라가 독도를 조선 땅임을 인식하고 있었다는 증거다.

1889년에 일본의 육지측량부에서 제작한 〈오키지도〉에도 독도의 존재가 표시되지 않았다. 그런데 1989년에 일본 국토지리원이 제작한, 축척 1/20만의 〈오키지도〉에는 독도가 포함되어 있다. 〈대일본전도〉와 마찬가지로 1889년 당시의 지도에 독도가 제외되어 있음은 이때 일본이 독도를 일본 영토로 인식하고 있지 않았음을 알 수 있게 한다.

일본이 독도를 강제 편입하기 전인 1902년에 작성된 공문서에 독도를

72 오카무라 마쓰타로(岡村增太郎), 『신찬지지(新撰地誌)』, 1887년. 「매일경제」, 2012년 8월 28일자를 활용하여 부분 상세도를 그림(독립기념관 사진 제공).

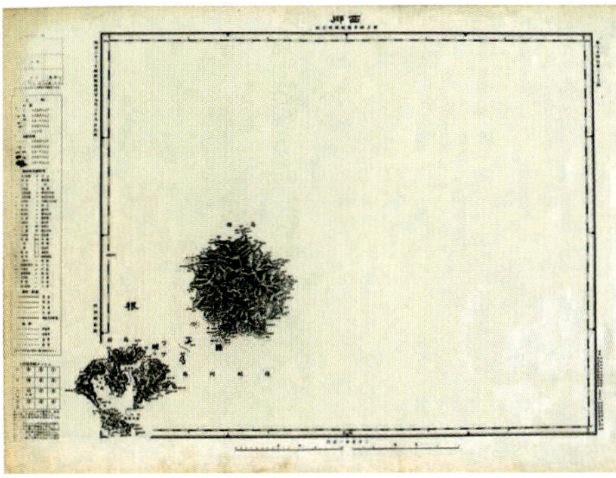

그림 20 〈오키지도〉[73]

울릉도에 부속된 섬이라고 기록한 자료가 있다. 당시 부산 주재 일본 영사관이 일본 정부에 올린 「부산 영사관 보고서」라는 제목의 문서에서는 독도를 '송도', '리양코도(Liancourt rocks)' 등으로 부르면서 울릉도를 독도의 본도로 기록하고 있다.[74] 그 내용을 보면, 제7장 '조업 상황'에 다음과 같은 대목이 있다.

> 본도(울릉도) 정동쪽 약 50해리(92km) 지점에 작은 섬 3개가 있다. 속칭 '리양코도'라고 하는데, 본방인(일본인)은 '송도'라고 한다. 도처에서 전복을 채취할 수 있어서 본도에서 출어하는 자가 많다. 그러나 섬 전체에 마실 물이 많지 않아, 오랫동안 출어하기는 어렵다. 그래서 4~5일 지나면 본도로 귀항한다.

이 기록에 따르면, 1904년 일본 시마네현이 독도를 편입한 후에 주장한

73 육지측량부, 1889년, 호사카 유지 교수 소장.

74 본 사료는 재일 사학자 박병섭 씨가 일본 외무성 외교사료관에서 찾아낸 것으로, 호사카 유지 교수(세종대)가 소장하고 있다.

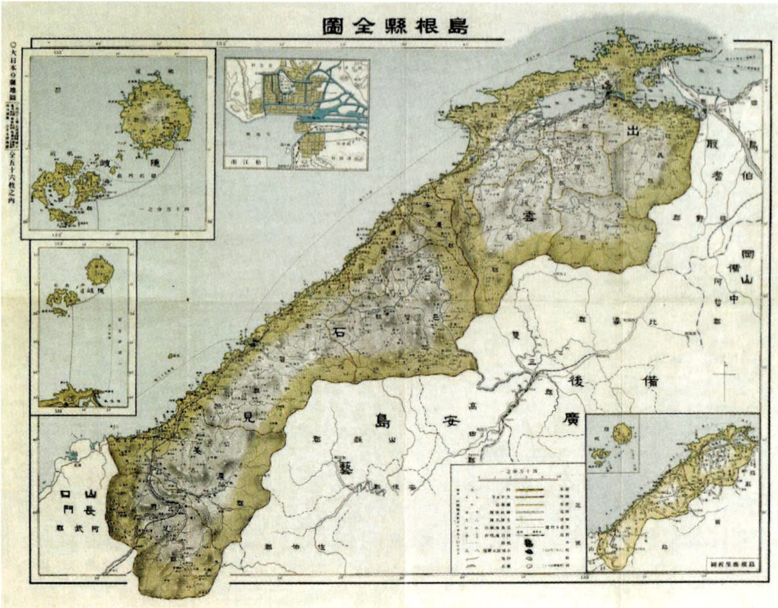

그림 21 〈시마네현 전도〉[75]

'무주지 선점의 논리'는 타당하지 않다. 이 기록은 당시 일본은 울릉도민의 독도 조업을 인지하고 있었고 그 현황까지 보고받고 있었음을 보여 준다. 결국 당시 일본은 1900년 대한제국의 칙령을 수용하고 있었고 독도를 대한제국의 영토로 인정했다는 것을 알 수 있다.

같은 시기, 대한제국이 독도 해역에서 조업을 한 일본 어부에게 세금을 받았다는 기록도 있다.[76] 1902년 대한제국 내부(內府: 현 안전행정부)가 작성한 울도군(현재 울릉군)의 절목에 울릉도와 독도에서 경제활동을 한 일본인에게 세금을 부과하는 규정이 있고, '울릉도에 거주하는 일본인이

75 안도 리키노스케(安藤力之助), 1929년, 동북아역사재단 소장.

76 「조선일보」, 2012년 8월 17일자. 이 자료는 울릉군 문화관광과에서 발굴한 자료를 한아연구소 유미림 소장이 공개했다.

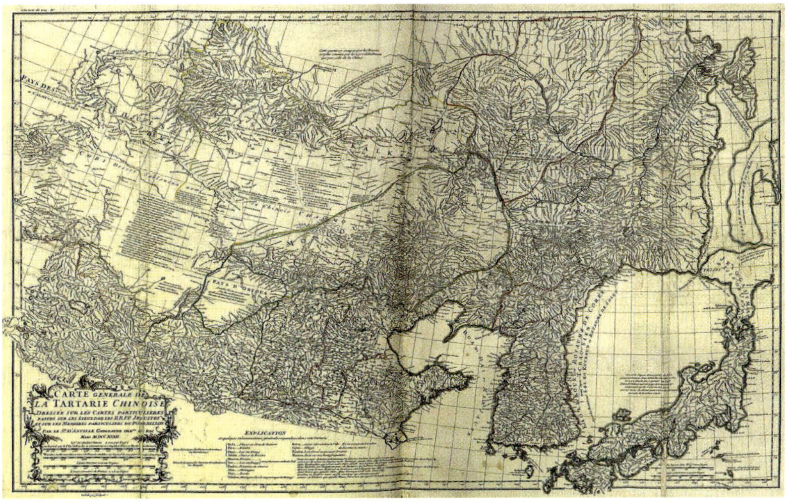

그림 22 〈Carte Generale De La Tartarie Chinoise〉[77]

독도에서 잡은 강치를 수출하려면 절목의 규정에 따라 수출세를 납부해야 한다'는 조항이 있다. 그리고 실제로 1904년과 1905년 당시 울릉도에 살던 일본인들이 강치를 일본에 수출한 사실이 일본 외무성 기록에도 남아 있다.

1905년, 일본 시마네현이 독도를 강제 편입한 직후인 3월 20일에 발간된 지리 교과서에 실린 일본 전도에도 독도 표기가 없다. 즉 『소학지리용신지도(小學地理用新地圖)』(문부성 저작, 지리역사연구회 편찬)의 첫 부분으로 실린 〈대일본제국전도(大日本帝國全圖)〉를 보면, 1894년부터 식민화한 대만, 일본 북부 지시마(쿠릴)열도까지 일본 영토로 표시되어 있지만, 여기에 독도는 없다. 이는 일본 정부가 주장하고 있는 역사주권론의 근거인 '1905년 이전에도 일본이 독도를 인지하고 실효적으로 지배해

77 당빌(D'Anville), 1732년, 이돈수 교수 소장.

왔다'는 논리가 허구임을 보여 준다.

1905년에 시마네현이 독도를 편입한 이후에도 축척 1/40만의 〈대일본분현지도(大日本分縣地圖)〉[78] 56장 가운데 하나인 〈시마네현 전도(島根縣全圖)〉에 독도가 표시되지 않았다. 이 지도는 1908년 도쿄에서 처음 발행되었고, 1929년에 정정(訂正)되었다. 지도에는 시마네현의 소재지 마쓰에, 시마네현의 이정표, 오키 섬 등이 삽화로 들어 있을 정도로 자세하게 기재되어 있지만, 이곳에 독도는 보이지 않는다.

3) 제삼국의 지도자료

독도 영유권 문제와 관련하여 한·일 양국이 모두 역사적 권원을 주장하고 있지만, 지금까지 제시된 양측의 문헌들과 지도자료가 상충되는 부분이 많기 때문에 문제 해결에 접근하지 못하고 있다. 때문에 당사국인 한국과 일본 이외의 제삼국에서 제작된 자료들은 진실에 보다 객관적으로 접근할 수 있는 방안의 하나가 된다.

그럼, 제삼국의 지도자료를 몇 가지 살펴보자.

독도가 비교적 정확하게 표시된 대표적인 지도의 하나가 프랑스의 왕실 지리학자 당빌(D'Anville)이 만든 지도인 〈Carte Generale De La Tartarie Chinoise〉(1732)이다. 당빌은 중국 전도인 〈황여전람도(皇輿全覽圖)〉[79]를 기초로 하여 제작한 이 지도에서 한국을 '고려(KAOLI, CORÉE)'와 '조선(TCHAO-SIEN)'으로, 독도는 '천산도(千山島)'로 표시하고 있다. 이 지도에는 울릉도가 동해안에 매우 근접하게 그려져 있는

78 최근 일본 정부가 1905년에 독도를 편입시켰다고 주장하고 있지만, 1908년판, 1910년판, 1935년판으로 제작된 〈대일본분현지도(大日本分縣地圖)〉 중 〈시마네현 전도〉의 어느 곳에도 독도가 표기되어 있지 않다.

79 청조 시기의 중국 전도로, 서양 선교사 J. B. 레지(Regis, 雷孝思) 등에 의해 제작되었다.

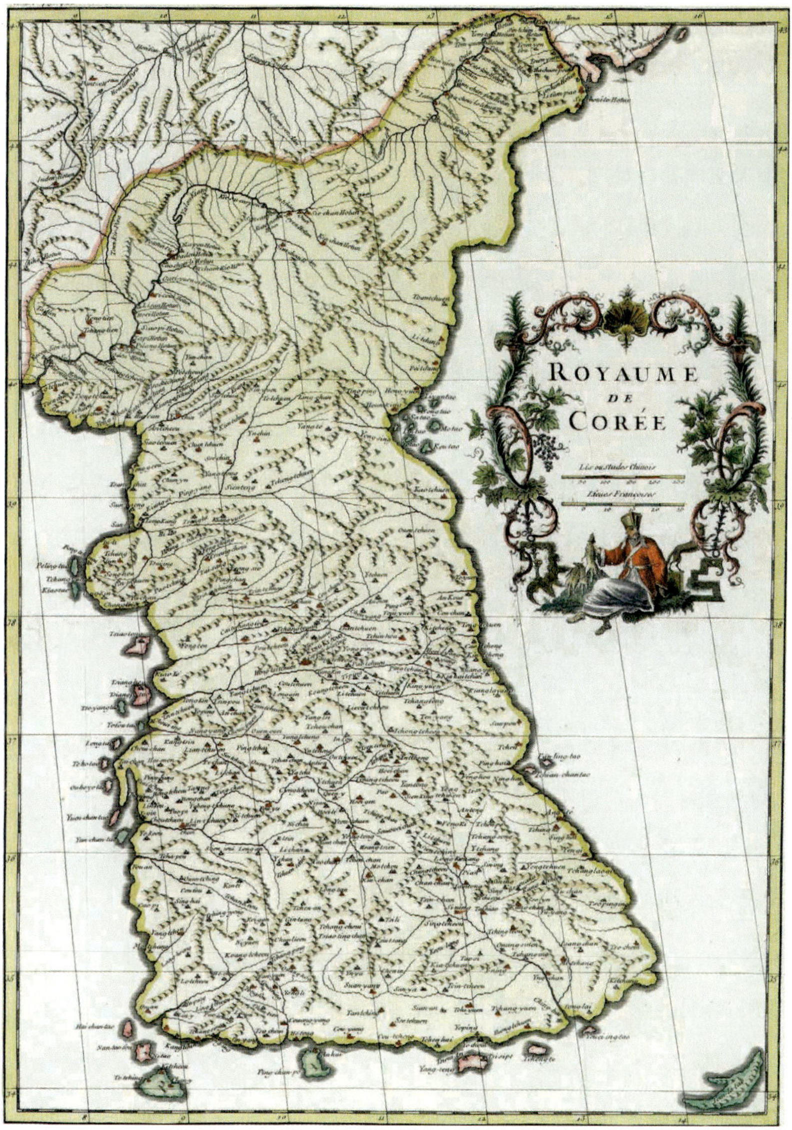

그림 23 〈조선왕국지도〉[80]

80 당빌(D'Anville), 1737년, 동북아역사재단 소장.

데, 이는 울릉도, 독도가 한국 영토임을 인식하고 있었다는 증거다.

당빌은 〈Carte Generale De La Tartarie Chinoise〉를 바탕으로 더 세부적으로 〈조선왕국지도(ROYAUME DE CORÉE)〉(1737)를 제작했다. 이 지도에는 울릉도(鬱陵島)를 'Fan-ling-tao', 독도(于山島)를 'Tchian-chan-tao'로 표기하고 있는데, 이는 중국어 발음으로 표기한 것으로 보인다. 재미있는 점은 『신증동국여지승람』[81]에서처럼 독도가 울릉도보다 육지 쪽으로 더 가까운 위치에 그려져 있다는 것이다. 이는 당빌이 독도가 조선의 영토임을 표시하고자 한 것이라 볼 수 있다.

제정 러시아 시대의 러시아 해군이 제작한 지도에도 독도가 나타나 있다. 1854년에 러시아 해군 팔라다(Паллада)호의 장교들이 한반도 동해안을 측량한 적이 있다. 이를 바탕으로 러시아 해군부 수로국이 〈조선동해안도(Map of Joseon's Eastern Seashore)〉(1857)를 제작하였다. 이 지도에는 독도가 두 개의 작은 섬으로 표시되어 있으며, 러시아어로 서도를 '올리부차(Оливуца)', 동도를 '메넬라이(Менелай)'로 표기하였다. 이는 러시아가 독도에 대해 그 존재를 정확히 인지하고 조선의 영토로 인식했다는 것을 의미한다.

독도의 존재가 국제사회에서 보편적으로 인식되고 있었다는 것을 증명해 주는 지도가 1898년에 프랑스 군지도제작소(French Army Map Service: 프랑스 국립지리원[IGN]의 전신)에 의해 제작되었다. 이는 프랑스가 아시아 지역 진출을 목적으로 제작한 지도 중 하나로, 군사적·상업적 목적으로 사용되었다. 강릉을 비롯하여 서울, 제주의 지도도 함께 발간하였는데, 당시 독도가 강원도 관할이었다는 점을 고려하여 강릉에 포

81 『신증동국여지승람(新增東國輿地勝覽)』은 1530년(중종 25)에 이행(李荇), 윤은보(尹殷輔), 신공제(申公濟), 홍언필(洪彦弼), 이사균(李思鈞) 등이 『동국여지승람(東國輿地勝覽)』을 수정하여 편찬한 책으로, 55권 25책으로 된, 조선 전기의 대표적인 관찬 지리서이다.

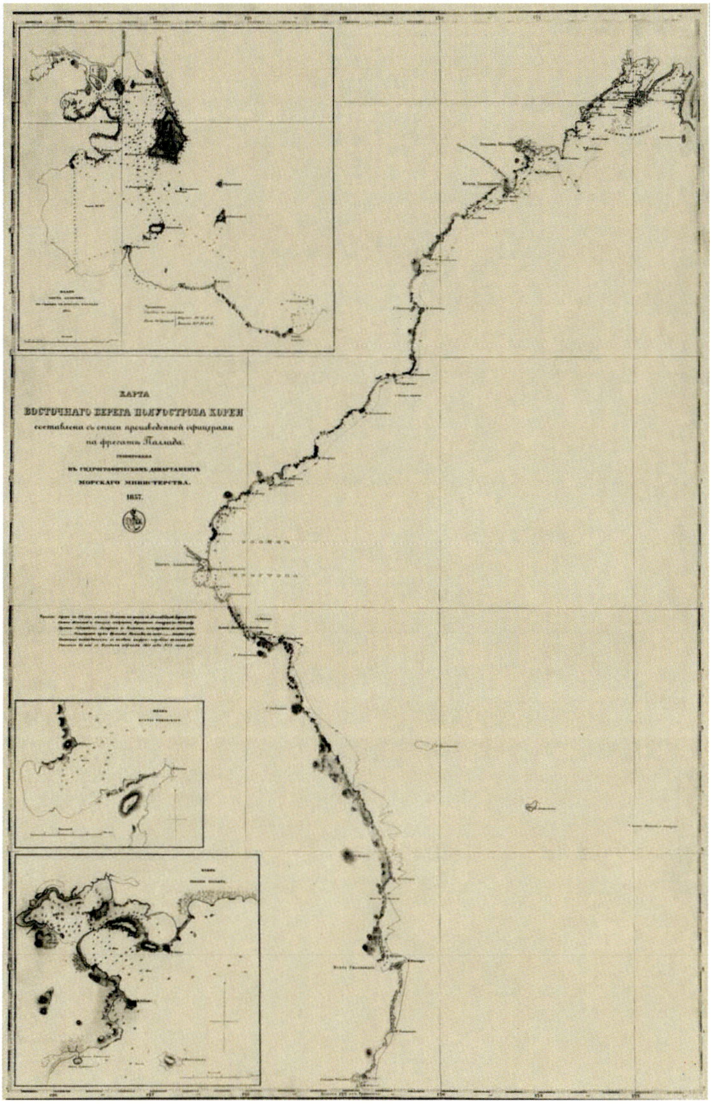

그림 24 〈조선동해안도〉[82]

82 러시아 해군부 수로국, 1857년, 동북아역사재단 소장.

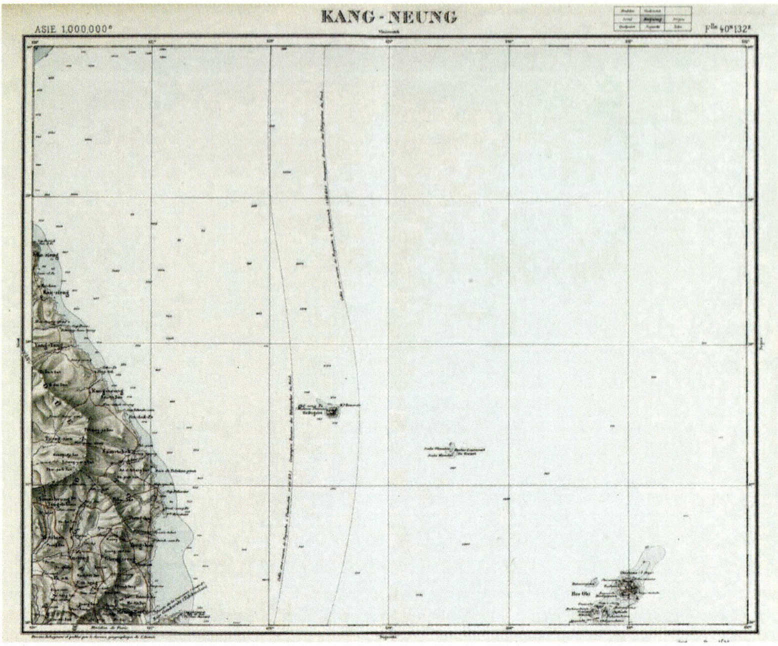

그림 25 프랑스 군지도제작소의 강릉 지도[83]

함시켰다. 이 강릉 지도에는 독도의 지명으로는 당시 러시아·프랑스·영국에서 사용한 '서도(Scala Olioutsa)'와 '동도(Scala Manelai)', '리앙쿠르록스(Rocks Liancourt)', '호넷(Ile Hornet)' 등이 모두 표기되어 있다.

2. 문헌자료와 역사주권

1) 『삼국사기』: 우산국이 신라로 편입된 기록

문헌상으로 울릉도·독도에 대한 최초의 인식이 있었던 것은, 기록된 것

83 프랑스 군지도제작소, 1904년, 동북아역사재단 소장.

에 따르면, 3세기인 것으로 추정된다. 『삼국지(三國志)』에 다음과 같은 기록이 있다.

> 옥저의 기로(耆老)가 말하기를, '국인이 언젠가 배를 타고 고기잡이를 하다가 바람을 만나 수십 일 동안 표류하다가 동쪽의 섬에 표착하였는데, 그 섬에 사람이 살고 있었으나 언어가 통하지 않았고 그들은 해마다 7월이 되면 소녀를 가려 뽑아서 바다에 빠트린다.'라고 하였다.[84]

우리나라 역사서 『삼국사기(三國史記)』에는 서기 512년에 신라의 이사부가 우산국을 정복하였다는 기록이 처음 등장하고, 학계는 이를 근거로 울릉도와 독도가 우리나라의 영토가 되었다고 본다. 『삼국사기』「신라본기(新羅本紀)」 열전(列傳) 이사부조(異斯夫條)에서 "여름 6월에 우산국 귀복하다. 우산국은 강주의 정동(正東)에 있는 바다 가운데의 섬으로, 이름을 울릉도라 한다."라고 밝히고 있다. 당시 이사부가 우산국을 정복하는 과정에서 나무로 만든 사자를 이용했다는 이야기가 전해진다. 울릉도에는 지금도 우산국의 최후를 전하는 전설들이 남아 있고, 남양 포구에 사자바위가 있으며, 그 옆에 사자굴이 있다.[85]

우산국은 신라에 복속된 이후에도 내륙정부와 조공 관계를 가져온 것으로 나타난다. 고려 덕종 원년(1032) 11월에 '우릉(울릉도) 성주가 아들을 보내어 공물을 바쳤다'는 기록이 있고, 현종 9년(1018)에 동북 여진족의 침략을 받아 막대한 피해를 입었을 때 고려 조정이 우산국에 농기구

84 『삼국지(三國志)』 권 30, 「위지(魏志)」 동이전(東夷傳) 옥저조(沃沮條).

85 이예균·김성호, 『일본은 죽어도 모르는 독도 이야기 88』(예나루, 2008), pp. 24~25.

를 지원했고, 피신해 온 우산국 사람들을 귀환시키거나 경상도 지방에 살게 해 주었다는 기록도 있다. 12세기 중엽부터는 울릉도에 관원을 파견하여 울릉도를 관리한 것으로 나타난다. 의종 11년(1157)에는 이곳에 내륙인을 이주시킬 계획이 추진되어 명주도(溟洲道) 감창사(監倉使) 이양실이 울릉도에 다녀왔다. 그는 "섬 가운데 큰 산이 있고, 이 산정에서 동쪽 해안까지가 1만 5,000여 보, 북쪽 해안까지가 1만 3,000여 보, 남쪽 해안까지가 1만 5,000여 보, 북쪽 해안까지가 8,000여 보에 달했다. 일곱 군데 촌락과 석불, 철종, 석탑 등의 유물이 있으나 암석이 많아 사람이 살기에 적합하지 않다."라고 했다.

또 다른 기록들을 보면, 우산국이 신라에 편입된 이후 고려조와 조선조에서도 울릉도, 독도를 지속적으로 관리한 것으로 나타난다. 그리고 관리 기록들을 검토해 보면, '우산국'이 울릉도와 독도로 구성되었다고 인식하였음을 알 수 있다. 『만기요람(萬機要覽)』(1808), 『증보문헌비고(增補文獻備考)』(1908) 등에서는 '울릉도와 우산도(독도)는 모두 우산국의 땅'이라고 적고 있다.

이들 자료들로 미루어 볼 때, 512년에 우산국이 신라에 귀속될 때 울릉도와 독도가 함께 신라 영토로 편입되었음이 확실하다. 지금까지 이 사실은 변함이 없다.

2) 안용복의 도일

안용복은 평민의 신분으로 1693년, 1696년의 두 차례에 걸쳐 도일하여 울릉도와 독도가 조선 땅임을 주장했던 인물이다. 당시 왜구의 노략질이 심했으며, 불법 어로 활동도 이뤄지고 있었다. 이에 안용복은 직접 일본으로 찾아가 항의했고 에도 막부는 돗토리번에 이에 관해 질문을 했다(1695년 12월 24일). 그리고 돗토리번(鳥取藩)의 답변서를 받아(1695년

12월 25일), 이로써 일본인들의 죽도 도해 금지령을 내리게 된다. 당시 기록들은 일본 내에서도 독도와 울릉도를 조선의 영토로 인식하였음을 증명하는 중요한 자료들이다.[86]

> 第2항: 이나바와 호키에 속하는 울릉도(竹島)는 언제부터 양국(이나바, 호키)에 속하게 되었는가?
>
> 답변: 울릉도는 이나바와 호키에 속하지 않습니다.
>
> 第7항: 울릉도 외에 양국(이나바, 호키)에 부속된 섬이 있는가?
>
> 답변: 울릉도, 독도 및 그 외 양국에 부속된 섬은 없습니다.
>
> – 에도 막부의 질문에 대한 「돗토리번의 답변서」[87] 중에서

안용복의 도일 정황은 이렇다. 일본 도쿠가와 막부는 1625년 오키국 요나고성의 상인 오야 진키치(大屋甚吉), 무라카와 이치베(村川市兵衛)에게 죽도 도해 면허를 내주어 울릉도에서의 조업과 벌목을 허용했다. 양가는 막부의 허가 아래 죽도 도해를 독점할 수 있었지만, 1692년과 1693년에 조선 어민들의 조업이 시작되면서 수익이 저조해졌다. 이에 이들은 조선인 어부를 납치하였는데, 이때 피랍된 사람들이 안용복, 박어둔 일행이다.[88]

안용복은 일본 오키 섬을 거쳐 요나고 성주인 아라오 야마토와 성주 백부인 아라오 슈리 등으로부터 조사를 받았다. 그 과정에서 그는 울릉도와

86 김호동, 디지털울릉문화대전 홈페이지(http://ulleung.grandculture.net), 2013년 5월 27일 검색, http://ulleung.grandculture.net/Contents/Index?contents_id=GC01500428.

87 「돗토리번의 답변서」(1695).

88 경상북도 독도정책과, 『독도를 지켜 온 사람들』(2012), pp. 55~81.

자산도(독도)가 조선의 영토임을 주장하고, 이를 인정하는 공문서 발급을 요구하였다.[89] 그 후 그는 돗토리번으로 이송되었고, 조사가 끝난 후에는 일본으로부터 독도가 조선의 영토임을 인정하는 서계를 받았다. 그는 귀국하는 과정에서 나가사키로 이송되었다가 다시 대마도(쓰시마번)로 넘겨졌는데, 그때 대마도주(쓰시마 번주)가 안용복이 가지고 있던 서계를 빼앗았다. 그는 안용복을 송환하면서 정관 귤진중을 보내 일본 영토를 불법 침범한 죄인으로 몰고 조선 조정에 대해 조선 어민의 울릉도 출어 금지를 공식 요구하였다. 이에 조선 정부는 울릉도가 조선의 영토임을 밝히고 외딴 섬에 왕래를 금지하는 공도 정책에 일본도 협조할 것을 요청한 예조복서를 보냈다. 도일 사건 이후 조선으로 송환된 안용복은 부산 왜관에서 동래부로 인계되었다(1693년 12월 10일). 조사 과정에서 피랍 정황 및 서계 강탈을 호소하였지만 월경죄목으로 감금되어 2년형을 치렀다.

그 후 안용복은 제2차 도일을 시도했다. 1696년 울릉도에서 고기잡이를 하던 중 일본 어선을 발견한 그는 독도까지 추격하여 영토 침입을 꾸짖었으며 자신을 울릉우산양도감세관이라 칭하고 하쿠슈 태수로부터 영

89 안용복의 도일에 대해서는 아직 명확하게 규명되지 않고 있는 부분이 있다. 그 하나가 안용복의 신분과 그가 도일한 목적이다. 현재 안용복에게 부여되는 칭호가 장군, 선생, 어부 등으로 다양하여, 혼란이 있다. 그 때문에 경상북도에서 발행하는 몇몇 문건에는 칭호를 생략하고 '안용복'만 표기한다. 이 문제를 해결하기 위해서는 당시 쓰시마 번주가 보인 태도를 중시해야 한다. 당시 쓰시마는 일본과 조선 사이에 위치하던 소도서국으로, 조선과 일본 사이의 중개무역을 독점하면서 양자 사이에서 균형을 유지하면서 이익을 취하고 있었다. 그렇다면 안용복이 독도가 조선 땅이라는 서계를 받은 것에 대해 쓰시마 번주가 강력하게 항의한 것은 쓰시마번의 이익이 침해당했기 때문인데, 과연 독도 해역의 조업권이 문제였을까? 이에 대해 또 다른 견해를 내는 학자들이 있다. 이들은 안용복의 신분이 단순한 어부가 아니었고 무역업자였을 가능성을 제기한다. 그리고 당시 쓰시마번이 독점하던 무역로를 개척하기 위해 독도를 경유하여 돗토리번과 교역 제안을 한 것이고 돗토리번이 안용복의 입장을 지지한 것에 대해 쓰시마 번주가 방해하였을 것이라고 추정하는 견해도 있다. 이러한 상황 논리를 정리하면, 당시 일본은 독도가 조선의 영토임을 인정하고 있었고, 돗토리번의 결정을 무시한 쓰시마는 일본에 귀속된 섬이 아니었음을 짐작할 수 있다.

토 침입에 대한 사과를 받고 귀국했다. 당시 안용복은 울릉도에서 독도를 거쳐 오키도로 갔다. 그는 〈조선팔도지도(朝鮮八道地圖)〉를 제시하면서 울릉도와 독도가 조선 강원도 소속이라고 주장하였고, 돗토리번을 방문해 돗토리번 중신들과 회담을 가졌다.[90] 회담 결과, 돗토리 번주는 오야(大屋)-무라카와(村川) 양가에 울릉도 도해 금지령을 내리고, 울릉도를 침범한 일본 어부 15명을 적발해 처벌했다.

다음은 당시 일본을 건너간 안용복과 돗토리 번주의 대화 내용이다.

> "몇 년 전에 내가 이곳에 들어와 울릉, 자산(子[于]山) 등의 섬을 조선 땅의 경계로 정하고 관백의 서계를 받았는데, 또 우리 경지를 침범하였으니 무슨 도리인가?"
>
> "두 섬이 이미 당신네 나라에 속한 이상, 만일 다시 국경을 넘어 침범하는 자가 있으면 국서를 작성하고 역관을 정하여 무겁게 처벌할 것이다."[91]

안용복은 제2차 도일을 마치고 강원도 양양에 귀환한 후 비천한 신분으로 양반을 사칭했다는 죄목으로 유배되었다. 조선 조정에서는 울릉도의 사정을 정확히 파악할 필요성에서 수토관을 파견하여 울릉도의 형편을 살펴보도록 하였다. 수토관으로 처음 파견된 관리가 장한상이다. 장한상은 울릉도 수토 후 「울릉도사적(鬱陵島事蹟)」이라는 기록을 남겼는데, 이곳에 독도에 대해 상세히 적혀 있다.

> 동방 5리쯤에 한 작은 섬이 있는데, 그다지 크지 않은 해장죽이 한쪽에 빽

90 회담 과정에서 안용복은 쓰시마 번주가 자신에게서 서계를 탈취한 사실과 쓰시마번이 조선과 일본 간의 중개무역에서 감량, 재포장, 전매 등을 하고 있음을 알렸다.

91 『숙종실록(肅宗實錄)』, 권 30.

빽이 자라고 있으며 서쪽으로는 대관령의 구불구불한 모습이 보이고 동쪽으로 바라보니 바다 가운데 한 섬이 있는데, 멀리 아득한 동쪽에 있으며 그 크기는 울릉도의 1/3보다 작고 거리는 300리가 못 된다.

안용복의 도일 활동은 다음 몇 가지 점에서 독도 영유권과 관련하여 중요한 의미를 가진다. 첫째는 국민적 인식 부분이다. 민간인 안용복이 일본 정부를 상대로 영토주권을 주장하였다는 것은 당시 조선인들이 독도가 조선 땅임을 인식하고 있었다는 것을 방증한다. 장한상의 수토 기록처럼 독도에 대한 인식을 구체적으로 확인하는 계기가 되었다. 둘째는 일본이 독도가 조선 영토임을 인정하고 있었다는 사실을 밝힌 것이다. 안용복의 항의로 에도 막부가 "울릉도는 일본 영토가 아니다(鬱陵島非日本界)." 라고 적힌 서계를 발급하였다는 것이 그 증거이다. 셋째는 당시 일본이 '마쓰시마(松島)'라고 부르던 독도를 안용복이 '자산도(子山島)'라는 이름으로 칭했다는 점이다. 당시 안용복은 "대나무섬(竹嶋)을 '다케시마(竹嶋)'라고 합니다. 강원도 동래부 안에 울릉도라는 섬이 있는데, 이것을 '대나무섬'이라 합니다. 〈팔도지도(八道地圖)〉에 적혀 있는 것을 가지고 있습니다.[92] 마쓰시마는 '오른쪽의 같은 도(右同島)' 안에 '자산(小于山)'이라는 섬이 있는데, 이것을 '마쓰시마'라고 합니다. 이것이 〈팔도지도〉에 적혀 있습니다."[93]라고 말했다.

92 강원도 동래부 안에 울릉도가 있다고 한 것에 대해서는 안용복이 동래 출신이기 때문에 필담을 기록하는 과정에서 오기가 생긴 것으로 추정한다. 영남대학교 독도연구소, 『독도 영유권 확립을 위한 연구』(경인문화사, 2009), p. 13.

93 김정원 역, "겐로쿠 9년 조선 배 착안 한 권의 각서", 『독도연구(1)』(영남대 독도연구소, 2005), pp. 292~293.

3) 기타 문헌자료

'독도 영유권'에서 역사주권과 관련된 문헌자료들을 표로 정리하면 다음과 같다.

표 2_역사주권 관련 문헌자료

자료명	주요 내용 및 의의
『삼국사기』 (1145)	"지증왕 13년(512) 여름 6월에 우산국(于山國)이 항복하고, 해마다 토산물을 바쳤다." [의의] 신라의 512년 우산국 복속을 기록함.
『세종실록』 「지리지」 (1454)	"우산(于山)과 무릉(武陵) 두 섬이 (울진)현의 정동쪽 바다에 있다." [의의] 우산도(독도)와 무릉도(울릉도)가 별개의 섬이고, 울릉도에서 날씨가 맑은 날에만 보이는 유일한 섬은 독도임을 감안할 때, 우산도가 곧 독도이고 조선의 영토임을 증명함.
『신증동국여지승람』 (1531)	"우산도(독도), 울릉도 두 섬이 울진현의 정동쪽 바다 가운데 있다." [의의] 『세종실록』「지리지」의 내용을 계승하여 우산, 울릉의 위치를 밝힘.
『동국문헌비고』 (1770)	"「여지지」에 이르기를 '울릉과 우산은 모두 우산국의 땅인데, 우산은 왜인들이 말하는 송도다.'라고 하였다." [의의] 우산국에 울릉도와 우산도가 모두 포함됨을 밝히고, 우산도가 일본의 송도, 즉 독도임을 증명함.
대한제국 〈칙령 제41호〉 (1900)	"[울도군의] 구역은 울릉 전도와 죽도(竹島)·석도(石島)를 관할할 것 …" [의의] 울도군(울릉군)의 관할 구역으로 독도의 당시 지명인 석도를 포함함.
울도 군수 심흥택의 보고서 (1906)	"본군(本郡) 소속 독도가 …" [의의] 당시 독도가 울도군(울릉군)의 관할 구역이었을 분명히 보여 줌.
의정부 참정대신 박제순의 〈지령 제3호〉 (1906)	"독도가 일본 영토가 되었다는 설은 전혀 근거가 없음" [의의] 당시 정부 최고 기관인 의정부에서 독도가 일본 영토로 편입됨을 부정하여 독도에 대한 영유권 인식을 보여 줌.
『증보문헌비고』 (1908)	"우산도·울릉도 … 두 섬으로 하나가 우산(芋山)이다. 속(續)[94] 지금은 울도군이 되었다." [의의] 우산도(독도)와 울릉도 두 섬이 모두 울도군의 관할임을 증명함.

94 '속(續)'은 고종 시대에 첨부된 내용이다.

제7장
국제법적 권원

1. 일본의 패전과 국제협약

국제사회는 패전국 일본의 법률적 지위를 일본이 항복하기 전인 1943년에 카이로에서 정리했다. 당시 연합국 측의 미국·영국·중국이 발표한 공동 선언의 주요 내용은 일본의 항복과 전쟁 뒤 일본 점령지의 반환에 관한 것으로, 만주와 대만의 중국 귀속과 한국의 독립을 약속하는 것이었다. 〈카이로 선언〉의 내용은 제2차 세계대전 종전 직전인 1945년 7월 26일, 독일의 포츠담에서 열린 미국·영국·중국의 3개국 수뇌회담의 결과에서 다시 확인되었다. 일본에 대해서 항복을 권고하고 제2차 세계대전 후의 대일 처리 방침을 표명하는 자리에 미국 대통령 트루먼, 영국 총리 처칠, 중국 총통 장제스(蔣介石), 소련 공산당 서기장 스탈린이 참석했다. 총 13개 항목으로 구성된 이 선언문에서는 군국주의의 배제, 일본 영토의 보장점령, 〈카이로 선언〉의 실행과 일본 영토의 한정, 일본 군대의 무장 해제, 전쟁범죄자의 처벌, 민주주의의 부활 강화, 언론·종교·사상의 자유 및 기본적 인권 존중의 확립, 군수산업의 금지와 평화산업 유지의 허가, 민주주의 정부 수립과 동시에 점령군의 철수, 일본 군대의 무조건 항복 등을 규정했다. 이 중에서 주목할 부분은 제8항이다. 여기에서 "〈카이로 선언〉의 모든 조항은 이행되어야 하며, 일본의 주권은 혼슈(本州)·홋카이도(北海道)·규슈(九州)·시코쿠(四國)와 연합국이 결정하는 작은 섬들에 국한될 것이다."라는 내용을 명기하고 있어서 독도가 일본 영역에 포함되지 않음을 보여 준다.

태평양 전쟁이 끝난 이후 연합국 최고사령부도 〈카이로 선언〉과 〈포츠담 선언〉에 근거하여 일본의 영토를 한정했다. 그 내용은 〈SCAPIN 제677호〉의 부속지도에 잘 나타나고 있다. 이 지도를 보면, 독도가 대한민국의 영토에 속함이 표시되어 있다.[95] 이 지도에서는 독도를 'TAKE'로 표시하고 있지만, 이것이 독도를 지칭하고 있음을 누구나 알 수 있다. 〈SCAPIN〉의 국제법적 지위는 1945년 8월 15일에 일본이 항복한 이후 국제사회가 전후 일본을 처리하는 과정에서 설치된 연합국 최고사령부에 근거한다. 당시 연합국 최고사령부는 일본제국이 강제로 노획했던 주변국 영토를 원상회복시키는 작업을 담당하였다. 연합국 최고사령부는 〈SCAPIN 제677호〉를 발표한 그다음 해인 1946년 6월 22일, 〈SCAPIN 제1033호〉[96]를 발표하였다. 그 내용은 일본 어부들이 독도와 그 주변 12해리에 해당하는 수역에 접근하는 것을 엄격히 금하는 것이었다. 이 군령들은 지금도 국제법적 효력을 갖는다. 왜냐하면 대한민국은 1948년 8월 15일 정부 수립과 동시에 주한미군정으로부터 한반도와 독도 등 부속도서들을 영토로 인수하였고, 1948년 12월 12일 국제연합으로부터 그 영토와 주권을 국제적으로 공인받았기 때문이다. 〈그림 26〉에서 빨간 원으로 표시된 부분을 보면, 당시 당사국들

95 〈SCAPIN 제677호〉에서 한국 땅으로 표기됐던 독도가 1952년의 〈샌프란시스코 강화조약〉에서는 제외됨으로써 이후 일본이 독도를 일본 땅이라고 주장하는 '근거'를 제공하게 된다. 또한 〈SCAPIN 제677호〉 제6조에 "이 지령 가운데 어떠한 규정도 〈포츠담 선언〉 제8조에 기술된 '작은 섬들'의 최종적 결정에 관한 연합국의 정책을 나타내는 것으로 해석되어서는 안 된다."라고 나와 있는데, 이러한 모호성을 근거로 일본은 독도를 일본 땅이라고 주장하고 있다.

96 〈SCAPIN 제1033호〉 제5조의 "해당 구역 또는 그 외의 어떠한 구역에 관해서도 국가 통치권, 국경선 또는 어업권에 대한 최종적 결정에 관한 연합국의 정책의 표명이 아니다."라는 언급도 일본의 독도 영유권 주장 근거가 되고 있다.

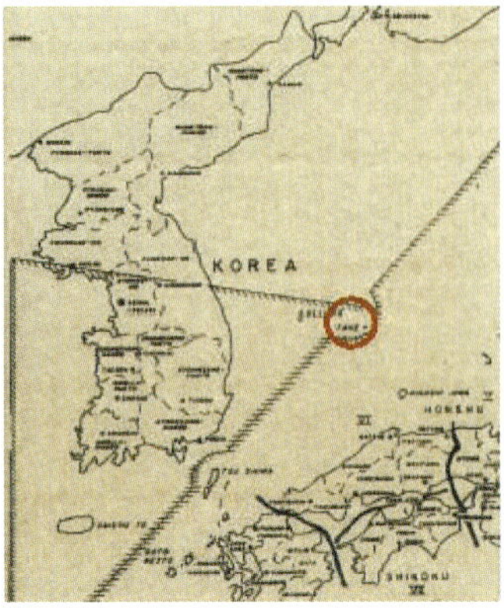

그림 26 〈SCAPIN 제677호〉의 부속지도의 관련 부분[97]

은 독도 영유권이 한반도에 속해 있다고 인식하였음을 잘 알 수 있다.

1948년 6월 30일에 미국 공군이 독도 부근에서 폭격 연습을 하였다는 사실도 독도에 대한 영유권 인정의 근거가 된다. 6·25 전쟁 기간에 미·일 합동위원회가 독도를 미 공군의 연습기지로 선정되었다는 소문이 있었는데, 현재 일본 정부는 이를 두고 연합군이 독도를 일본 영토로 간주했다고 주장한다. 그러나 실제로는 당시 대한민국 정부가 그에 항의했고, 미국 공군사령관은 1953년 2월 27일자로 독도가 미국 공군 연습기지에서 제외되었다는 회답을 대한민국 정부에 보내왔다. 1950년 6월에 6·25 전쟁이 일어나자 유엔군과 미국 태평양 공군 사령관은 '한국방공식별구역(KADIZ: Korean Air Defense Identification Zone)'을 설정하였다. 이를 보면 명확하다. 당시 유엔군은 한국 영토의 상공방어구역을 정해서 중공군의 공습에 대비한 것인데, 현재까지 그 라인이 지켜지고 있다. 〈그림 27〉에 빨간 원으로 표시한 것처럼, 이 KADIZ 범위에 독도가 포함되었다. 이는 당시 유엔군이 독도를 한국 영토로 판단하고 있었다는 증거 자료이

97 본 연구서에 활용한 지도자료는 독도박물관에서 제공한 사본이다.

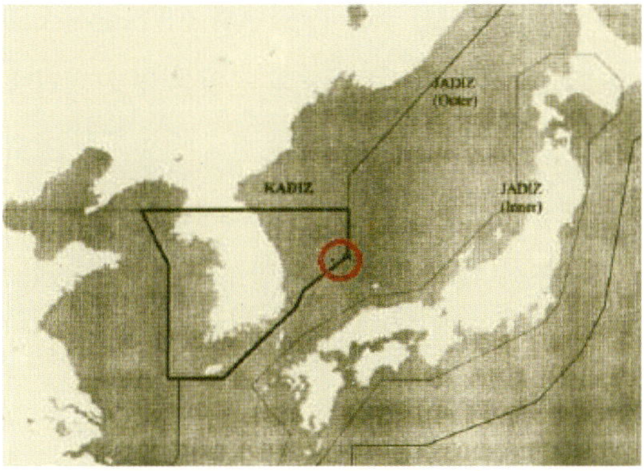

그림 27 한국방공식별구역(KADIZ) 표시 자료[98]

그림 28 「연합국의 구일본 영토 처리에 관한 합의서」에 포함된 부속지도

다. 해당 라인은 지금도 국제사회에서 인정되고 있다. 따라서 독도는 국제사회에 공인된 대한민국의 영유권역이다.

연합국들이 전후 일본을 처리하는 과정에서 독도를 한국 땅이라고 인식하고 있었다는 내용은 「연합국의 구일본 영토 처리에 관한 합의서(Agreement Respecting the Disposition of Former Japanese Territories)」에

98 1950년 6·25 전쟁 발발 후 유엔군이 중공군의 공습을 막기 위해 한국의 영공에 방어라인을 설정한 것으로, 현재까지 그대로 유지되고 있다.

포함된 부속지도에도 나타난다. 당시 연합국은 1951년의 〈샌프란시스코 강화조약〉에 앞서 그 준비를 위해 1950년에 「연합국의 구일본 영토 처리에 관한 합의서」를 작성하였다. 이 합의서의 제3항에서는 한국에 반환할 영토로 '한반도 본토와 그 주변의 모든 섬(all offshore Korean islands)'을 명기하였다. 또 제주도, 거문도, 울릉도와 함께, 독도를 '리앙쿠르 록(Lianccourt Rocks)'이라는 서양 호칭으로 명시하여 한국 영토로 반환 처리함을 밝혔다. 이는 당시 연합국이 독도를 한국 영토로 판정한 명확한 사례이다.

2. 〈샌프란시스코 강화조약〉

국제법적 측면에서 독도 문제의 시발점은 바로 〈샌프란시스코 강화조약〉이다. 이 조약은 1951년 9월 8일, 미국 샌프란시스코의 전쟁기념공연예술센터에서 제2차 세계대전의 전후 처리를 위해 일본과 연합국 간에 체약된 조약으로, 샌프란시스코 평화조약, 대일평화조약 등으로 불린다. 지금 동아시아 지역에 진행되고 있는 '독도 분쟁'을 비롯하여 조어도/센카쿠 분쟁, 쿠릴열도 분쟁 등은 모두 이 조약으로 인해 생긴 것이다. 당시 획정된 국가 간 영토의 경계선이 현재에도 큰 변화 없이 유지되고 있다는 점을 볼 때, 이는 국제사회에서 여전히 효력을 지니는 조약이다. 당시 이 조약은 미국, 소련, 영국을 비롯한 48개국의 참가와 서명으로 이루어졌으며, 이듬해인 1952년 4월 28일에 공식적으로 발효되었다. 인도와 유고슬라비아, 미안마(당시 버마)는 초청을 받았으나, 그들의 입장에 맞지 않다고 판단하여 참가하지 않았으며, 중국과 대만은 정부의 정통성이 애매하다는 이유로 초청 대상에서 제외되었다. 이 조약은 전문과 총 7장 27조의 내용으로 이루어졌다. 소련은 조약 과정에 참여는 하였으나 미국 중심의 논의 과정에 실망하고 일본과 협정을 따로 체결했다.

독도 문제에서 〈샌프란시스코 강화조약〉이 중요한 것은 다음의 몇 가지 문제 때문이다.

첫째, 제2차 세계대전 종전 이전까지 일본의 식민 지배하에 있던 대한민국이 조약 참가국에서 제외되었다는 사실이다. 1951년은 6·25 전쟁이 한창 진행 중이던 때여서 한국의 참여가 사실상 불가능했다.

둘째, 〈샌프란시스코 강화조약〉의 내용에 한국의 독립을 인정하고 한국에 대한 일본의 모든 권리를 포기한다는 내용이 명기된 조약 제2장 제2조 a항에서 제주도, 거문도, 울릉도의 이름은 명시되어 있으나 독도의 이름은 빠져 있다는 점이다. 만약 대한민국이 조약 참가국으로 회의에 참여하였다면 이러한 사태는 발생하지 않았을 것이다. 당시 일본은 패전국의 입장이었기 때문에 독도 영유권을 주장할 처지가 아니었다. 때문에 〈샌프란시스코 강화조약〉의 내용에 반환 대상으로 독도가 명기되었다면 현재의 독도 문제는 없었을 것이다.

셋째, 샌프란시스코 강화회의를 진행하는 과정에서 처음부터 독도의 이름이 제외된 것이 아니었다는 점이다. 〈샌프란시스코 강화조약〉 이전에 발령된 〈SCAPIN 제677호〉에서는 일본의 영토를 본도 4개와 약 1,000개에 달하는 인접한 군소 섬들을 포함한다고 규정하면서 제3항에서 일본의 영토에서 제외되는 섬의 목록에 울릉도, 독도, 제주도를 명시한 바 있다. 또한 이 지령의 제5항에서 지령에 포함된 '일본의 정의'를 '다른 특정한 지령이 없는 한, 연합국 최고사령부로부터 발하는 모든 지령, 각서, 법령에 적용된다'고 명시하였다. 또 이 '일본의 정의'를 변경하기 위해서는 반드시 연합국 최고사령부가 그에 관한 다른 지령을 발해야 하며, 그렇지 않은 한 '일본의 정의'는 미래에 영구히 영속됨이 밝혀져 있다. 또한 〈샌프란시스코 강화조약〉의 미국 측 제1~5차 초안과 제7차, 영국 측 제2, 제

3차 초안에서는 독도가 한국의 영토라 표시되었다.

〈샌프란시스코 강화조약〉은 당사국이 없는 상황에서 제삼국에 의해 체약된 조약이므로, 한국의 입장에서는 독도에 관한 내용을 수용하지 않는 것이 합리적이다. 결국 〈샌프란시스코 강화조약〉은 강대국 간의 정치·경제적 패권 다툼으로, 전후 문제 해결의 핵심이 되어야 할 피해당사국들을 배제시키는 오점을 남긴 조약이다. 이 때문에 현재까지도 일본과 그 피해국가들 간의 영토 분쟁이 지속되고 있는 것이다. 특히 이 조약은 패전국에 대해 징벌적인 성격을 가지고 있던 기존의 강화조약과는 달리 일본 측에 상당히 관대한 입장을 취하고 있다. 이 점과 관련하여서는 영국과 중국을 포함한 여타 국가들이 조약의 정당성에 대해 의문을 제기하고 있다. 당시 한국에서는 6·25 전쟁이 진행되던 상황이었고, 미국의 입장에서는 6·25 전쟁을 효과적으로 수행하기 위해서는 일본이라는 병참기지, 전진기지가 필요했다. 때문에 미국은 동아시아 전략 수행을 위해 일본을 군사기지화하려고 일본에 면죄부를 주어 동아시아의 헤게모니를 장악하고 국제 질서를 재편하는 데에 활용하게 된 것이다.

더욱 큰 문제는 당시 부당하게 형성된 동아시아의 국제질서가 여전히 유지되고 있다는 사실이다. 또 이에 편승한 일본이 독도의 전략적 가치를 상기시키며 미·일 전략의 중심에 위치시키려고 미국을 설득하고 있다는 사실이다. 소위 샌프란시스코 체제의 유지를 통해 동아시아에서 중국 부상을 견제하고 러시아의 남하를 방어해야 한다는 논리를 일본이 전개하고 있는 것이다.

1) 〈샌프란시스코 강화조약〉의 배경과 과정

(1) 제2차 세계대전과 전후 세계 구상

제2차 세계대전이 끝날 무렵인 1943년 11월, 미국·영국·중국의 지도자들은 카이로에 모여 전쟁 종결에 관한 회담을 가졌다. 이 회담에서 3국의 대표들은 제2차 세계대전을 속히 끝낼 것에 합의하고 전후의 기본적인 세계 질서를 구상했다. 이때 발표된 선언이 〈카이로 선언〉이다. 〈카이로 선언〉은 일본이 탈취한 모든 영토를 1895년 이전의 상태로 복귀시키는 것을 원칙으로 한다. 이후 1945년 7월 26일에 발표된 〈포츠담 선언〉의 제8조에는 이러한 〈카이로 선언〉의 내용이 흡수되었다. 그리고 1945년 8월 9일에 일본은 〈포츠담 선언〉을 무조건 수락했으며, 9월 2일에는 〈포츠담 선언〉을 수락하겠다는 항복 문서에 서명했다.

〈포츠담 선언〉 제8조에는 〈카이로 선언〉의 각 항이 실행되어야 한다고 적혀 있고, 또한 일본의 주권은 혼슈와 홋카이도, 규슈 및 시코쿠, 그리고 연합국이 결정할 작은 섬들에 국한될 것이라고 정했다. 여기서 독도가 일본 영토로 남을지 한국 영토로 돌아올는지는 결정되지 않았다. 그러므로 〈샌프란시스코 강화조약〉이 독도의 문제를 해결하는 데 핵심점이 된다.

(2) 〈샌프란시스코 강화조약〉의 배경

〈샌프란시스코 강화조약〉은 냉전이 정점에 이르러 6·25 전쟁으로 폭발한 1951년에 진행되었다. 국제사회는 기존의 전통적 강대국들이 후퇴하고 새로운 패자 미국이 등장하는 것을 목도하고 있던 시점이었다. 당시 미국은 마무리되지 않고 종결된 제2차 세계대전을 정리하려는 의도를 가지고 있었고, 그 대상국은 중국이었다. 왜냐하면 미국은 중국 내전에 개입하여 국민당에 배팅을 하였지만, 결과적으로 중국 공산당이 중국 대륙을 장악하게 되었는데, 이로써 거점 마련에 실패하고 말았기 때문이다.

〈샌프란시스코 강화조약〉이 체결된 1951년 당시, 세계는 미·소를 축으로 하는 냉전이 국제 정세를 이루고 있었다. 이런 상황에서 이 조약을 통해 종전 후 한반도와 일본의 처리 문제를 다루게 된 것은 미·소 양 진영 간의 대립의 초점을 동아시아 지역으로 가져오는 계기가 되었다. 일본은 태평양과 직접적으로 맞닿아 있고 아시아 지역에 큰 영향력을 끼칠 수 있어, 미국의 가장 핵심적인 전략 요충지가 되었다. 당시 미국은 소련의 팽창주의에 맞서 동유럽과 중근동을 지나 인도차이나 반도와 동북아시아에 이르는 봉쇄선을 형성하였는데, 이 봉쇄선의 동북아시아 지역 기점이 일본이 되었던 것이다. 이것이 NSC48 정책이다. 이는 세계 전략을 수행하기 위한 미국의 전략적 의도에 따른 것으로, 중국 대륙과 떨어져 있고 한반도라는 절충선을 통해 효과적으로 방어하기 수월하다는 점에서 일본의 가치가 한반도보다 우위에 있다고 인정받은 셈이다. 이런 상황을 직시한 당시 일본 총리 겸 외상인 요시다 시게루는, 1951년 중소동맹이 성립되고 일본이 이들의 가상 적국이 되자, 일본의 안전보장 문제를 미국에 전적으로 맡기고 미국과 강화조약을 밀약으로 맺고자 했다. 이런 움직임은 중소동맹에 위협을 느끼던 미국의 이해관계와 합치되어, 미·일 양국 간 협상이 빠르게 진행되는 결과를 가져왔다. 당시 요시다는 한국이 조약에 관여할 경우, 과잉 보상 청구를 해올 수 있으며 이에 따라 일본이 혼란에 빠질 수 있다는 이유로 한국의 참여를 배제하기를 미국에 요구했다. 미국은 일본이 경제적 재기 불능 상태가 되면 향후 아시아 지역에서 공산 진영의 확산을 막을 수단이 없다고 판단하여 일본의 요구를 들어주었다.

원래 동북아시아에 대한 미국의 정책은 중국을 강화하고 일본을 약화시키는 것이었다. 하지만 중국의 내전에서 공산당이 국민당을 이겨 중소동맹을 맺자, 미국은 자국의 전략적 이익 보호와 공산주의 팽창 억제를 할 필요성을 느꼈다. 그리고 그 기능을 일본이 담당하도록 했다. 이에 따라 미국은 〈샌프란시스코 강화조약〉이 체결된 당일, '미일안보조약'을 체결하여 일본을 자국의 병참기지화 하고 이에 대한 대가로 일본의 요구를 들어준 것이다.

(3) 〈샌프란시스코 강화조약〉의 체결 과정

〈샌프란시스코 강화조약〉은 1947년 3월 미국의 제1차 초안을 시작으로 1951년 9월 8일에 정식으로 맺어지기까지 4년여의 시간 동안 여러 번의 수정을 거쳐 만들어진 조약이다. 미국이 총 13차, 영국이 총 3차의 수정을 거쳤으며, 추가적으로 영·미 합동 초안 3차를 거쳐, 정식 발의되었다. 연합국은 1947년 초에 연합국의 합의서에서 독도를 한국 영토로 표시했다. 그 뒤에 〈샌프란시스코 강화조약〉의 초안이 작성되었는데, 제1차 초안은 1947년 3월 19일, 제5차 초안은 1949년 11월 2일에 작성되었다. 제1차에서 제5차 초안까지는 독도가 한국 영토로 표기되어 있다. 이것은 〈샌프란시스코 강화조약〉의 초안을 작성하는 과정에서 연합국 합의서의 내용을 그대로 적용한 것이다.

제1차 초안의 독도 관련 내용은 다음과 같다.

> 일본은 한국 및 제주도, 거문도, 울릉도 및 리앙쿠르 록스(다케시마)를 포함한 모든 앞바다의 작은 섬에 대한 모든 권리 및 권원을 포기한다.[99]
>
> -〈샌프란시스코 강화조약〉의 제1차 초안 중에서

제5차 초안에도 독도가 언급되어 있다.

> 일본은 이로 하여 한국을 위해서 한국 본토 및 제주도, 거문도, 울릉도, 리앙쿠르 록스 및 제3조에 규정하는 선 바깥 측에 있는 동경 124도 15분의 경선 북쪽, 북위 37도 30분 동경 132도 40분에 있는 두만강 하구

99 Japan hereby renounces all rights and titles to Korea and all minor offshore Korean islands, including Quelpart Island, Port Hamilton, Dagelet Island(Utsuryo) Island and Liancourt Rocks(Takeshima).

에서 약 3해리에 있는 국경의 종점에서 바다 쪽으로 그은 선의 서쪽에 있는, 일본이 더불어 권원을 획득한 그 외의 모든 섬들을 포함해, 앞바다 섬들에 대한 모든 권리 및 권원을 포기한다.[100]

– 〈샌프란시스코 강화조약〉의 제5차 초안 중에서

그런데 제6차 초안에서는 독도는 일본 영토로 변경되어 표기되었다. 이는 당시 미국 정부의 일본 정치고문관인 윌리엄 제이 시볼드(William J. Sebald)가 두 번에 걸쳐 미 국무성에 보낸 두 건의 전문(1949년 11월 14일, 1949년 11월 19일) 때문에 바뀌게 된 것으로 추측된다. 제6차 초안은 두 전문이 송부된 이후인 1949년 12월 8일에 작성되었다. 실제로 시볼드는 제5차 초안이 나온 이후인 1949년 11월 14일, 독도가 한국의 영토가 아닌 일본의 영토임이 타당하다는 내용의 전문을 국무성에 보내어 조약의 내용을 재검토할 것을 요청했다. 시볼드는 독도 영유권에 대한 일본의 주장이 오래된 것이며 정당하고 또한 독도를 기상 기지나 레이더 기지로 활용할 수 있다는 내용의 전문을 발송하였다. 그리고 5일 뒤, 독도를 일본의 영토로 할 것을 건의하고 이는 미국의 국익에도 도움 된다고 주장한 내용의 전문을 한 번 더 국무성에 제출했다. 미 국무성은 이와 같은 시볼드의 건의를 받아들여, 제6차 초안에 독도가 일본의 영토라는 표기를 최초로 하였던 것이다. 그 내용은 다음과 같다.

100 Japan hereby renounces in favor of the Korea all rights and titles to the Korean mainland territory and all offshore Korean islands, including Quelpart(Saishu To), the Nan How group(San To, or Komun Do) which forms Port Hamilton(Tonaikai), Dagelet Island(Utsuryo To, or Matsu Shima), Liancourt Rocks(Takeshima), and all other islands and islets to which Japan has acquired title lying outside the line described in Article 3 and to the east of the meridian 124°15′E. longitude, north of the parallel 33°N. latitude, and west of a line from the seaward terminus of the boundary approximately three nautical miles from the mouth of the Tumen River to a point in 37°30′N. latitude, 132°40′E. longitude.

일본의 영토는 주요 4섬인 혼슈, 규슈, 시코쿠, 홋카이도 및 인접하는 모든 작은 섬이다. 작은 섬은 내해(세토 나이카이)의 섬, 쓰시마, 리앙쿠르 록스(Liancourt Rocks), … 상기에서 확인된 모든 섬은 3마일의 영해를 포함해 일본에 귀속한다.[101]

- 〈샌프란시스코 강화조약〉의 제6차 초안 중에서

제6차 초안이 나온 후 11일 만인 1949년 12월 19일에 제7차 초안이 도출되었다. 해당 안에서는 독도가 다시 한국 영토로 표기되었다. 제7차 초안은 미국 측과 기타 연합국들 사이의 의견 대립과 제6차 초안에 대한 기타 연합국들의 반발의 결과였다. 그 후 1949년 12월 29일에 작성된 제8차 초안과 1950년 1월에 나온 제9차 초안에서는 다시 독도가 일본 영토로 표시되었다. 그리고 1950년 8월 7일의 제10차 초안은 일본과 한국과의 관계는 1948년 12월 유엔 총회에서 채택된 결의에 의거한다고 나타내어, 독도가 한국의 영토임을 드러내고 있다. 1950년 9월 11일의 제11차 초안도 마찬가지로 독도가 한국 영토임을 인정하고 있다. 정리를 하면, 1948년부터 1950년 9월까지 연합국이 합의한 내용에는 독도가 한국의 영토라고 인정되어 있다.

그러나 1950년 10월 26일에 작성된 「호주의 질문에 대한 미국 답변서」에서 미국은 독도를 '다케시마'로 표기해 독도가 일본의 영토임을 주장했다. 이에 영국은 독자적으로 〈샌프란시스코 강화조약〉의 초안을 작성했다. 1951년 2월 28일에 나온 제1차 초안에는 독도와 울릉도를 일본 영토로 표기한 오류가 있지만, 제2차와 제3차의 초안에서는 다시 독도를 한국

101 The Territory of Japan shall comprise the four principal Japanese islands of Honshu, Kyushu, Shikoku and Hokkaido and all adjacent minor islands, including the islands of the Inland sea(seto Naikai); Tsushima, Takeshima(Liancourt Rocks), … All of the islands identified above, with a three-mile belt of territorial waters, shall belong to Japan.

영토로 수정했다. 영국은 일본의 영토를 선으로 나타내는 형식의 초안을 작성했는데, 독도를 일본의 영토의 바깥에 표시하였다. 그러나 영국이 제3차 초안을 작성한 날인 1951년 4월 7일, 미국은 독도를 일본 영토로 표기한 초안을 만들었다.

미국과 영국의 입장이 다른 상황에서 양국은 제1차에서 제7차까지의 초안을 두고 두 안을 통합하는 회의를 개최했다. 양국 회의의 과정과 내용은 공개되지 않은 채 진행되었고, 1951년 5월 3일에 제1차 영·미 합동 초안이 나왔다. 그런데 이 초안의, 한국 영토로 귀속되는 섬의 목록에 독도가 없다. 일본 영토 조항에도 독도에 대한 언급이 없다. 때문에 독도가 어느 나라에 속하게 되는지 모호하게 되었다. 다음은 관련 내용이다.

> 일본은 한국의 독립을 승인하여 제주도(Quelpart), 거문도(Port Hamilton) 및 울릉도(Dagelet)를 포함한 한국에 관련된 모든 권리, 권원 및 청구권을 포기한다.[102]
>
> – 〈샌프란시스코 강화조약〉의 제1차 영·미 합동 초안 중에서

1951년 6월 1일, 연합국의 대표인 극동위원회 11개국이 참가하여 영·미 합동 초안에 대한 토론회를 개최했다. 뉴질랜드가 일본 영유 도서로 인한 논쟁을 차단하기 위해 영국 초안처럼 일본 영토를 적시하자는 의견을 제시했지만, 미국이 이에 반대했다. 결과적으로 영·미 합동 초안에서 미국과 영국 모두 독도의 귀속을 언급하지 않은 채 1951년 6월 14일에 제2차 영·미 합동 초안이 작성되었다. 한국의 영토 조항은 이 초안으로 최종 확정되었

102 Japan recognizing the independence of Korea, renounces all right, title and claim to Korea, including the islands of Quelpart, Port Hamilton and Dagelet.

고, 그 후 1951년 8월 13일까지 영·미 합동 초안이 세 차례 수정되었지만, 한국의 영토 조항은 6월 14일의 초안과 같고, 그것이 최종안이 되었다.

이로써 〈샌프란시스코 강화조약〉 당시의 미국의 입장은 유동적이었음을 알 수 있다. 일본에서는 1951년 8월 러스크(D. Rusk) 극동 담당 국무차관보가 양유찬 주미 대사에게 보낸 서한에서 독도가 한국의 영토라는 사실을 부인했다고 주장하지만,[103] 실제로 미국 정부가 공식적으로 언급한 적은 없다. 〈샌프란시스코 강화조약〉의 초안에서 최종안까지 합의하는 과정을 보면, 미국의 입장이 몇 차례 번복되고 있음을 알 수 있다. 당시 미국은 독도 문제가 6·25 전쟁에 영향을 미칠 것을 우려하였다. 1950년 6월에 한반도에서 전쟁이 발발하자 점령군 최고사령관인 맥아더는 일본을 점령하고 있던 미군의 일부를 한국전선으로 이동시켰고, 일본 국내의 치안을 우려해 요시다 수상에게 경찰예비대의 창설을 명했다. 일본의 요시다 정부가 이 가이드라인에 동조하자, 미국은 미군의 일본 장기 주둔, 일본 재군비의 촉진을 중심 내용으로 하는 대일 강화조약을 조기에 체결한다는 방침을 세웠다.

이듬해인 1951년, 일본 정부는 소련, 중국, 인도 등을 제외한 미국 진영의 국가들과 〈샌프란시스코 강화조약〉을 체결하고, 미국과는 미일안전보장조약을 체결한다. 이러한 미국의 입장이 일본에 전달되면서 일본의 독도정책에 변화가 초래되었을 것으로 추측된다. 일본은 〈샌프란시스코 강화조약〉 체결에서부터 한·일 회담 기간 내내 독도 영유권 문제를 미국에 의지해 왔고, 미국의 힘을 빌려 독도를 일본 영토로 인정받으려는 움직임도 있었다.[104] 일본은 독도 문제를 유엔에 상정하고 국제사법재판소에 제

103 국사편찬위원회, 『독도자료, 미국편』(2008), pp. 110~111.

104 미일합동위원회에서 미국의 폭격 훈련 구역으로 독도를 지정하였다는 사실을 일본은 미국이 독도를 일본 땅으로 인정하고 있다는 증거라고 주장했다.

소하는 두 가지 방법을 미국과 논의한 것으로 보인다.[105] 당시 미국은 한·일 간 분쟁에 적극적으로 관여하지 않으려 했다. 1953년 10월 28일자 사와다 렌조(澤田廉三) 유엔 대사의 보고서를 보면 그 내막을 알 수 있다.

당시 사와다 대사는 롯지(Henry Cabot Lodge Jr.), 로버트슨(Walter S. Robertson) 등과 회담하였고, 한국 정치가 안정될 때까지 미국은 한국 입장을 지지할 수밖에 없음을 일본 측에 설명했다. 1960년대에도 미국은 독도 문제로 한·일 관계가 훼손되어 동북아가 불안정해지는 것을 방지하는 데 중점을 두었다.[106] 일본은 독도를 놓고 국제사법재판소 제소와 한국과의 전쟁, 혹은 미국에 의한 현상 변경을 기대했지만, 한일회담 과정에서 미국은 영토 문제에 있어서는 중립적인 입장을 취할 것이라고 밝혔다. 지금도 독도 문제에 관해서는 미국의 이 같은 방침이 지속된다 할 것이다.

〈샌프란시스코 강화조약〉은 당사국 불참 상태에서 체약된 조약이어서 여전히 실효성의 문제가 남아 있지만, 국제사회의 속성을 보여 주는 대표적인 사례이다. 특히 영국과 미국의 국제사회 관리의 전략과 전술이 그대로 노출되었다.

영국의 식민지와 하부구조 관리의 핵심은 갈등 조장이다. 이는 대상 지역에 대해 관리비는 적게 들이면서 그들의 맹목적인 충성을 유도하는 데 효과적이다. 태평양 전쟁의 전후처리 과정에서도 영국의 이러한 식민지 관리 방법이 적용되었다. 즉 각국 간의 경계 지점에 분쟁과 갈등의 씨앗을 남

105 국민대학교 일본학 연구소, 『일본 공문서 조사 분석 연구사업 결과보고서』(2009) 참조. ; 조윤수, 『한일회담(1951~1965) 시기 일본의 독도정책 분석: 일본 외교문서 분석을 중심으로』(2011) 참조.

106 일본의 국제사법재판소(ICJ)에 대한 회부 제의는 1954년, 1962년에 이어 2012년에도 시도되었다. 2012년 8월 21일, 일본 정부는 독도 문제를 '조용하고 공평하며 평화롭게 해결'하기 위한 방법으로 특별협정(Special agreement) 체결을 통해 ICJ에 회부할 것을 제안했다. 이종원, 『동아시아 냉전과 한미일 관계』(도쿄대학교, 1996) 참조.

겨 둔 것이다. 그리고 영국은 전지자적 입장에서 균형자, 중재자 내지 갈등 관리자로서의 역할을 지속한다. 인도와 파키스탄, 이스라엘과 팔레스타인, 동아시아 해역의 조어도/센카쿠 문제, 독도 문제가 그 대표적인 작품이다. 지금도 인도 북서부와 동북부 지역에는 영국이 만들어 놓은 분쟁의 불씨가 남아 있어, 종족 간 갈등이 지속되고 있다. 또 영국은 팔레스타인 지역에 이스라엘인들을 이주시켰는데, 이는 양자 간 갈등을 촉발시키고, 양자의 갈등이 중동 전체를 엮어, 영국은 이를 중동전쟁의 불쏘시개로 활용한 것이다.

〈샌프란시스코 강화조약〉은 영국의 이러한 노하우를 전수받은 미국의 작품이다. 애매모호함을 명확히 처리하지 않고 남겨 둠으로써 분쟁의 종자를 뿌린 것이다. 결국 이러한 게임은 강자들의 유희의 일종이다. 마치 로마시대 콜로세움에서 자행되었던 노예검투사들의 군무처럼 약자를 유희, 게임, 도박의 대상으로 전락시킨 것이다.

2) 〈샌프란시스코 강화조약〉과 독도

일본이 독도를 자기네 땅이라고 주장하는 핵심 근거는 〈샌프란시스코 강화조약〉 제2조 a항의 "일본은 한국의 독립을 인정하고, 제주도, 거문도 및 울릉도를 비롯한 한국에 대한 모든 권리와, 소유권 및 청구권을 포기한다."라는 내용이다. 조항에 언급된, 일본이 반환해야 할 영토 목록에 독도가 없다는 것이다. 또한 '제2조 a항' 이외에도 '연합국은 일본의 완전한 주권을 인정하고 특별한 규정이 없는 한 연합국의 모든 배상 청구권을 포기하는' 내용이 담김으로써 패전국 일본에 대해 면죄부를 준 결과가 되었다. 미국이 전범국 일본에 면죄부를 준 것은 6·25 전쟁의 상황과 공산 중국의 성립이라는 두 가지 변수 때문이다. 공산 중국의 방어와 6·25 전쟁 수행이라는 두 가지 목적을 이루기 위해 미국은 일본을 전진기지로 활용하는 것이 최적의 선택이었다. 이에 따라 초안이 반복적으로 수정되었다.

1951년 5월 3일에는 영·미 합동 초안이 제출되었지만, 대한민국 정부에는 그 내용이 전해지지 않았다. 또한 독도에 대해서는 영국 측이 제안한 제주도·거문도·울릉도를 포함한 한국의 독립을 승인하며 한국에 대한 권리·권원·청구권을 방기한다는 내용이 명시되었다.[107] 그 후 몇 차례의 회담이 있었지만, 영·미 합동 초안은 수정되지 않았고 독도 영유권에 대한 언급이 삭제된 채 조약으로 발효되었다. 결국 독도는 한국과 일본, 그 어느 국가의 영토에도 명시적으로 속하지 않는 섬이 되고 말았다.

당시 한국이 조약 참가국이 되지 못한 것은 한국에 대한 미국의 인식 때문이다. 일본 항복 이후 대한민국 역시 전승국의 입장으로 〈샌프란시스코 강화조약〉에 참여하기를 희망했다. 36년간 피지배 기간의 피해 보상과 영토 회복을 위해 당연한 수순이었다. 당시 미국 측에서도 한국의 참여를 둘러싼 논의가 있었다.

미국 측 제6차 초안이 나온 이후인 1949년 12월 12일, 미 국무부 극동조사과는 이와 관련된 의견서(「Participation of the Republic of Korea in the Japanese Peace Settlement」)를 미국 정부에 제출한 바 있다. 여기에서는 당시 한국은 중국군으로 참전하여 일본과 교전하였고, 만주에서 수년간 항일 게릴라 활동을 벌였으며, 대한민국 임시정부가 중국에 존재하였기 때문에 한국이 일본과 교전한 국가 중의 하나이며, 따라서 조약 과정에 참여해야 한다는 뜻이 피력되었다. 그러나 미국 정부는 대한민국의 조약 참여의 의도가 일본의 식민 지배에 대한 과도한 배상을 바라는 데 있다고 판단하고 이를 거부하게 된다. 미국은 1910년 일본의 한국 병합이 미국을 포함한 많은 국가의 승인을 통해 이루어졌으며, 대한민국 임시정부는 국제적으로 승인받지 못한 단체였고, 대한민국의 정부가 1948년에 성립되었다

107 정병준, 『독도 1947 - 전후 독도 문제와 한·미·일 관계』(2010), p. 377.

는 점을 들어, 일본과의 교전이 정통성이 없는 임시정부가 주도한 것이므로 한국에 교전국 지위를 부여할 수 없다고 표명했다. 때문에 대한민국은 조약 체결 과정에서 승전국 대열에서 제외되었으며, 본국의 영토 문제를 당사국이 아닌 제삼국이 협상하는 역설적인 상황이 전개되었다. 더욱이 1950년에 발발한 6·25 전쟁은 대한민국의 조약 참여를 더 어렵게 하였다.

그럼에도 불구하고 당시 이승만 정부는 〈샌프란시스코 강화조약〉에 집중하였다. 1951년 8월, 당시 한국 정부는 〈샌프란시스코 강화조약〉의 초안 수정 과정에서 독도가 누락되었다는 사실을 입수하고 미 당국에 항의 문서를 보냈다. 그러나 미국은 한국의 조약 당사국 참가는 어렵고, 독도 또한 1905년 이후 일본의 실효 지배에서 벗어난 적이 없다고 답신하였다. 이는 조약 과정에 참여하고 있던 일본의 지속적인 로비, 소련과 중화인민공화국으로 이어지는 공산권 세력의 확장이 6·25 전쟁을 통해 점점 태평양으로 진출하려는 움직임, 일본을 자유 진영의 최전선으로 삼고자 하였던 미국의 의도가 부합된 결과였다. 결국 〈샌프란시스코 강화조약〉에서 미국이 일본을 지지한 것은 일본의 한국 병합을 묵인한 카쓰라-테프트 밀약의 연장선상에 있다고 볼 수 있다.

3. 실효 지배와 국제법적 판례

국제법적으로 영유권 판단에 가장 큰 영향을 미치는 요건이 실효 지배이다. 최근 판례 및 추세를 보면 실제 영유권 분쟁에서 실효 지배가 가장 관건임을 알 수 있다. 역사적 사실에 대해서는 해당 사실을 정확하게 입증을 해야 하는 것이 선결조건인데, 대부분 입증이 불확실하며, 그럴 경우 효력이 인정되지 않는다.

국제적인 영토 분쟁과 관련하여 해결책을 찾을 때, 우선적으로 실제적인 판결이 내려진 예, 즉 판례가 판단의 주요 기준이 된다. 국제법이 영토 분쟁에 관여할 경우, 국제법은 중재자이자 객관적 판단자로서 역할을 수행한다. 예를 들어, 국제사법재판소(ICJ)[108]가 분쟁 영토의 주권 귀속에 대해 결정하고 판결하는 데 있어 주요 기준점으로 적용되는 것이 바로 실효지배이다. 대표적인 사례로 영국과 프랑스 간의 망키에-에크레오 영유권 분쟁(1953), 에리트리아와 예멘 간의 홍해 도서 분쟁(1998), 말레이시아와 인도네시아 간의 시파단 도서 분쟁(2002), 말레이시아와 싱가포르 간의 페드라 브랑카 도서 분쟁(2008) 등이 있다.

그럼, 그 사례들을 살펴보자.

1) 망키에-에크레오 분쟁

망키에-에크레오 분쟁은 영국과 프랑스의 사이에 진행된 영토 분쟁이다. 이는 국제재판에 회부되어 영국이 승소하였다. 망키에와 에크레오의 양 제도(諸島)의 귀속을 둘러싸고 영국과 프랑스 간 영토 분쟁이 발발하자, 양국은 1950년 12월 29일에 ICJ에 사건을 의뢰한다는 데 합의하고 이듬해 12월 5일에 정식 의뢰했다. 망키에와 에크레오 섬은 영국령 채널 제도와 프랑스 해안 사이에 위치하고 있고, 각각이 다수의 작은 섬과 무수한 암초 군으로 이루어져 있다.

108 국제사법재판소(International Court of Justice, ICJ)는 1945년에 창설되었다. 국제연합 창설과 함께 설립된 국제연합의 사법기관으로, 네덜란드 헤이그에 있다. 국제연합의 가맹국은 물론 비가맹국도 일정한 조건하에 재판소 규정의 당사국이 될 수 있다. 재판소는 국제연합 총회 및 안전보장이사회에서 선출된 15명의 재판관으로 구성되며, 원칙으로 국제법을 적용하여 심리한다. 강제적 관할권은 없으며, 일정한 예외를 제외하고는 한쪽 당사자의 청구만으로는 재판의 의무가 생기지 않는다. 판결은 구속력을 가지며, 당사국이 이를 이행하지 않을 때에는 안전보장이사회가 적당한 조치를 취하게 된다. 재판 외에 총회·안전보장이사회, 기타 총회에서 승인된 기관에 대하여 권고적 의견을 제공한다.

영국과 프랑스는 모두 이들 제도에 대해 원초적인 권원(ancient or original title)과 실효적 점령에 의한 권원을 근거로 영유권 주장을 펼쳤다. 무주지에 대한 영유권 취득 분쟁의 경우와 달리, 영국과 프랑스 모두 권원에 관한 증거를 제시하였기 때문에 이 경우는 '어느 것이 더 확실한 증거(more convincing proof)인지'를 판정하여야 하는 분쟁이었다. 이에 ICJ는 양방이 제출한 원초적인 권원에 관한 증거를 검토하고 영국의 주장이 유리하다고 추정했다. 그러나 원초적 권원을 판단함에 있어 시간의 기점을 두고 논란이 있었고, ICJ 재판부는 '결정적 기일(critical date)'의 선택을 두고 고민했다. 결국 망키에와 에크레오에 대한 실효적 점유에 관해 양방이 제시한 증거를 평가하고, 망키에 및 에크레오의 작은 섬과 암초에 대한 주권이 영국에 귀속된다고 만장일치로 판결했다(국제사법재판소 1953일 11월 17일 판결, 「1953 Report 47」). 그 평가의 과정에서 ICJ는 원용된 다양한 사실 중 특히 재판권, 지방행정권 및 입법권의 행사에 관한 사실에 증거 가치를 인정한다고 서술하고 입법·행정·사법이라는 국가적 기능에 의한 실효적 점유의 원칙을 확인하였다.

여기서 주목할 점이 한 가지 있다. 물리적 점유 사실도 중요하지만, 영유권 인정에 영향을 가장 크게 끼치는 것이 체계적이고 공식적인 문서의 정리를 통한 영유권 입증이라는 것이다. 이와 관련해서는 영국 정부가 제출한 문건이 사소한 부분부터 공식적인 입장까지 체계적으로 정리되어 있었고, 이를 통한 실효적·실질적 관리가 이루어지고 있다는 점을 입증하였다. 영국이 제출한 문서로 대표적인 것은 1826년 에크레오에서 일어난 범죄를 영국에서 재판을 하였다는 사실을 보여 주는 문서이다. 이는 에크레오에서 발생한 사건이 영국에 의해 관리되었다는 점을 입증하게 되어 영국의 실질적인 관리권을 재확인하게 해 주었다.

망키에-에크레오에 대한 영유권을 확인시킨 또 하나의 자료는 세금 징

수 관련 자료이다. 이는 국가의 토지 관리, 국토 관리의 가장 기본적인 요소는 세수의 확보이다. 국가의 토지에 대한 지배권을 보여 주는 가장 기본적인 요건으로, 영토의 확립에 가장 필수적인 요소이며, 실효적 지배에서 가장 중요한 행정권 발휘의 요소라고 할 수 있다. 영국이 이에 대해 제시한 자료로는 영국에서의 어선 등록 자료, 세금 세수 자료 등이 있다. 결정적으로 망키에 섬에 있는 세관이 입증되었다.

다음은 해당 판결 내용과 당시 영국이 제시한 자료의 관련 내용의 원문이다.

1826년, 에크레오 사건에 대한 판결 내용(일부)

An example of actions taken by the police of the Parish of St. Martin is the prosecution of one, George Romeri, in 1826, before the Royal Court of Jersey, Romeri was alleged to have committed an attempt against the life of certain John McGras by shooting him with pistol or other kind of firearm at the Ecrehous.

He surrendered himself to the Constable of St. Martin, who in his capacity as chief of police in that Parish and because the Ecrehous fell within his jurisdiction, imprisoned Romeri, reported the matter to the Attorney-General of Jersey, and proceeded to make investigations.

1884년, 에크레오 세관에서 기록한 토지 매매 문서 내용(일부)

Customs Authority over the Ecrehous has been exercised for nearly a century. In 1884, the Assembly of the Fovernor, Bailiff and Jurats, as the Customs Authority of the Island of Jersey purchased by formal contract a house on Mar-motiere, one of the Islets, from a Jerseyman, Henry Charles Bertam. The contract describes Marmotiere as "un des Hots dit 'Ecrehous' dependant de la paroisse de St. Martin."

에크레오 섬의 영토 확인에 대한 영국의 공식적인 문서(전문)

Warrant, 9th October, 1875, constituting the Island of Jersey a Port of the Channel Islands

PORT OF JERSEY

Channel Island

We the undersigned Lords Commissioner of Her Majesty's Treasury of the United Kingdom of Great Britian and Ireland do hereby under the authority of "The Customs Consolidation Act 1853" appoint the Island of Jerset to be a Port of the Channel Islands and we do hereby declare that the limits of the said Port shall include the whole of the said Island together with the rocks called the Ecrehou Rocks and shall extend seaward to a distance of three miles from low water mark of the coast of the said Island and three miles from low water mark of the said Ecrehou Rocks and shall include all islands together with all Bays Harbours Ricers and Creeks within the aforesaid limits Withehall, Treasury Chanmers. Dated this ninth day of October 1875.

ROWD WINN
J. D. H. ELPHINSTONE

영국이 제출한 입법·사법·행정적 증거를 가진 이들 자료들이 가장 핵심적인 증거로 채택되었다. 여기에서 영국 중앙정부가 아닌 지방정부가 행한 행위 역시 국제법적으로 인정을 받았다는 점을 주목할 필요가 있다.

이제, 이 분쟁을 독도 문제에 비추어 보자. 재미있는 역설이겠지만, 독도에서도 범죄가 발생하여야 한다. 그래야 대한민국 정부의 재판 기록을 만들 수 있고, 이를 국가의 실효 지배를 증명하는 자료로 축적할 수 있다. 또 2013년 김성도 독도 이장의 독도 카페의 개설은 장래 국가 행위 판단에 중요한 근거로 삼을 수 있는 부분이다. 게다가 중앙정부 주도의 독도정책이나 대응도 중요하지만, 경상북도, 울릉군 등의 지방정부가 주도하는 정책도 중요하다. 지방정부의 적극적인 정책 추진과 예산 편성을 통해 독도 관리가 실제적으로 이루어질 수 있도록 해야 한다.

2) 에리트리아-예멘 영토 분쟁

에리트리아-예멘 영토 분쟁은 1998년 홍해에 위치한 에리트리아와 예멘 간에 진행된 홍해상의 도서를 둘러싸고 벌어진 영유권 분쟁이다. 국제재판에서 예멘이 승소하였다. 해당 사안에 대한 중재 재판에서 에리트리아는 영토 소유권을 주장의 근거로 실효적 점유 관련 사실을 증거 자료로 제시했고, 예멘은 도서와 관련한 자국의 역사적 권원에 근거를 두어 주장을 펼쳤다. 해당 건에 대해 ICJ는 분쟁 도서와 주변수역에서의 실제적이고 지속적인 국가 행위에 대한 증거가 매우 미비하나 도서가 고립된 지역에 위치하여 접근하기 힘든 특성 등을 감안하여 다음과 같이 정리하였다. '도서 상륙, 군사기지 설치, 시설의 건축 및 보수, 도서 상에서의 제반 활동에 대한 허가, 분쟁 도서에서 발생한 형사 사건 및 민사 관할권의 집행 유무, 등대의 설치 또는 보수, 도서에서의 제한된 생활 및 거주 등의 요건이 영토 소유권 주장을 충족시킨다.'

중재 재판에서 주요하게 논의된 쟁점으로 1923년 로잔에서 체결된 '터키강화조약(Treaty of Peace with Turkey)'을 들 수 있다. 일명 '로잔조약'으로 불리는 이 조약의 제16조에 의해서 제1차 세계대전의 패전국인 터키는 몇몇 특정 도서들을 제외하고 여타 영토들에 대해서 주권을 포기하였는데, 이 조약의 해석에 대해 ICJ는 분쟁 도서의 영유권과 관련한 판단의 기준에 상당한 비중을 두고 취급하였다. 오토만 제국의 패망 이후에 생겨난 홍해상의 도서 분쟁과 관련한 직접적 당사국들은 '로잔조약'의 비체약국이 된다. 다시 말해, 영토 분쟁의 직접적인 이해 당사국들이 아닌 국가들이 분쟁 도서를 무주지로 간주하여 점유할 수 있는지가 논란이 되었다. ICJ 재판부는 해당 건에 대해 여러 가지로 판단하고 분석한 결과, 중재 법원이 분쟁 도서를 '로잔조약' 제16조에 명시된 것에 의해서 결론지을 수 없다는 입장을 밝힌 후, 이러한 논쟁은 이후에 분쟁 도서와 관련된 모든 국가들에 의해 향후 해결되는 것이 타당하다고 판결하였다. 결과적으로 ICJ는 상대적으로 근소하게 우세한 예멘의 국가 및 정부 권한의 행사에 근거하여, 분쟁 도서들에 대한 예멘의 주권을 인정하였다. 이 사례는 실효 지배의 중요성뿐만 아니라 당사국이 아닌 제삼국에 의해 체약된 조약의 국제법적 효력에 대해서 재고의 여지를 남겼다는 점에서 독도 문제에 시사하는 바가 크다.

3) 시파단 섬 분쟁

시파단 섬 분쟁은 2002년 인도네시아와 말레이시아 간에 진행된 해양영토 분쟁이다. 국제재판에서 말레이시아가 승소하였다. 말레이시아는 시파단 지역에 대한 환경보호에 힘을 써 왔다. 가장 대표적인 활동이 바다거북의 멸종을 방지하기 위해 1917년에 발의한 '거북이 보존 법령'이다. 말레이시아는 이 법령을 시행하여 바다거북의 남획 방지에 기여하였는데, 말레이시아 정부는 동 법을 위반할 경우 벌금을 내도록 조치한 바 있다. 이러한 사실이 말레이시아가 시파단 섬을 실질적이고 실효적인 관리를 하였다고 국제재판에서 인정을 받게 된다. 말레이시아는 1933년 시파단 섬을 조류보호구역으로 지정한 사실도 증거로 제시하였는데, 이 재판은 말레이시아가 제시한 '섬 보호를 위한 실효적 지배, 주권 행사'의 증거 자료가 국제법적으로 실효 지배의 요건 충족에 중요한 조건이 된 판례로 남았다.

이 재판 결과는 자연환경 보호를 목적으로 한 활동이 영유권 확보를 위한 실질적 지배의 판결에 큰 영향을 미친다는 사실을 시사한다. 한국 정부가 독도를 천연보호구역으로 지정한 것도 하나의 요건이 될 수 있다. 누군가가 괭이갈매기를 포획하는 이가 생기고, 한국에서 이를 법적으로 처벌하게 되면, 한국이 실질적 지배를 하고 있다는 보다 완벽한 흔적이 남게 될 것이다.

4) 페드라 브랑카 섬 분쟁

페드라 브랑카 섬 분쟁은 싱가포르와 말레이시아 간에 벌어진 도서 분쟁이다. 국제재판에서 싱가포르가 승소했다. 이 분쟁은 1980년부터 28년간, 양국 사이에 위치한 조그만 무인도인 페드라 브랑카(길이 137m, 폭 60m)의 영유권을 둘러싸고 벌어졌다. 말레이시아의 주장은 역사적 권원에 주로 의지한 것이었다. 태고 때부터 조호르 왕국이 영유권을 가지고 있었다는 역사적 문헌 등을 근거로 내세웠다. 반면 싱가포르는 무주지 선점론을 주장하였다. 싱가포르는 해당 섬에 대해 영국에서의 독립 이후 실효 지배를 계속해 왔다고 주장했다. 이 분쟁에 대한 ICJ 재판부의 판결의 근거는 다음과 같다. 말레이시아(당시 조호르 왕국) 정부는 1953년에 소유권을 주장하지 않는다는 서신을 싱가포르 정부에 보냈고, 그 이후 1979년까지 싱가포르의 실효 지배에 반박한 적이 없다. 이에 비해 싱가포르는 페드라 브랑카 주변 해역에서 해난 및 조난을 당한 선박 사건을 조사·보고하였고, 자국의 정부 발간물 등에 이 섬에 대한 영유권을 기술하고 있었다. ICJ 재판부는 싱가포르의 실효적 지배에 관한 이러한 증거물들이 유효하다고 인정하였고, 이를 근거로 2008년 5월 23일에 페드라 브랑카 섬이 싱가포르의 영토라고 판결했다.

페브라 브랑카 섬 분쟁은 국가 간의 섬 분쟁 중에서 ICJ에 의해 판결된 것이다. 이 섬은 현재 싱가포르 영토로 되어 있다. 그런데 ICJ는 '영토주권의 계속적이고 평화적인 표명'에 관한 증거에 근거하여 페드라 브랑카 섬에 대한 말레이시아의 역사적 권원 역시 인정하였다. 한국이 독도에 관하여 고유영토론을 주장하는 경우에도 독도에 대한 실효적 지배의 사실, 계속적이고 평화적으로 영토주권을 행사한 사실에 관한 증거의 축적이 독도에 관한 한국의 입지를 강화하기 위하여 필수적이라는 사실을 이 판결로부터 시사받을 수 있다.

또 이 사건에서 ICJ가 실효성(effectivite)의 상대적 우월에 따라 영유권 귀속을 판단하던 기존의 입장을 버리고 상대방 국가의 주권적 행위에 대한 항의 또는 묵인의 여부를 영유권 귀속에 관한 판단의 결정적인 근거로 삼았다는 점을 주목할 필요가 있다. 이는 비록 한국이 독도에 대한 역사적 권원을 가지더라도 독도에 대한 일본의 주권 행사를 묵인하거나 그에 대하여 유효하게 항의하지 못한 경우에는 일본의 독도 영유가 인정될 수도 있다는 점에서 또한 주요한 시사점을 남긴다. 한편 페드라 브랑카 사건 판결에서 영국과의 관계에서 조호르가 갖는 식민지로서의 특수성이 고려되지 않았다는 점을 생각하면, 이 문제에 관해서도 ICJ가 1905년 당시의 한·일 간 국제관계의 특수성을 판단의 고려사항으로 삼을지 의문이 남는다.

결국 페드라 브랑카 섬 분쟁 판결의 가장 큰 시사점은, 결국 영유권 귀속의 판단에는—그것이 비록 역사적 권원에 의존하는 경우라고 하더라도—계속적이고 평화적인 영토주권의 표명이 중요하다는 것이라고 하겠다.

제3부_배타적 경제수역: 완전한 섬, 독도

제8장 유엔해양법협약

제9장 신한일어업협정

제10장 한국 정부의 배타적 경제수역 대응 전략

제8장
유엔해양법협약

한국 정부의 독도전략은 크게 두 가지 차원에서 진행된다. 첫째는 영유권 문제이다. 이는 역사주권, 국제법, 국제조약, 실효 지배, 제삼자의 인정 등과 관련이 있다. 한국 정부의 공식 입장은 독도가 분쟁 지역이 아니라 대한민국의 완전한 영토라는 것, 즉 독도의 영유권은 명백히 한국이 가지고 있다는 것이다. 둘째, 영유권 문제와 별개로 '배타적 경제수역을 가지는 완전한 섬, 독도'의 조건을 갖추는 문제이다. 독도가 국제법상의 도서로서 유엔해양법협약 제121조에 의거하여 대륙붕과 배타적 경제수역(Exclusive Economic Zone, EEZ)을 가질 수 있는 도서로 인정받는 문제가 바로 그것이다.[109] 한국 정부는 이 두 가지 차원에서 다각적인 노력을 기울여 왔다.

제3차 유엔해양법협약은 연안국의 권리를 강화하는 방향으로 수정되었으며, 연안국이 배타적 경제수역 200해리를 가질 수 있다는 개념을 등장시켰다. 이 협약 제121조의 내용을 보면 다음과 같다.

109 관련 연구로는 김형수의 "독도를 고려한 해양 경계 획정에 관한 연구"(한국해양환경공학회, 2006), 김태완의 "동아시아 해양공동체"(한국통일전략학회, 2009), 조진구의 "국교정상화 40주년의 한·일 관계"(고려대학교 평화와 민주주의 연구소, 2006), 윤영민·이윤철의 "한반도 주변 국가의 해양관할정책 및 해양경계 획정에 관한 연구"(한국마린엔지니어링학회, 2006) 등을 참조할 것.

유엔해양법협약 제121조 '섬, 제도' (일부)

제1항. 섬은 사방이 해수로 둘러싸여 있고, 만조 시 수면 위에 자연적으로 형성된 육지를 말한다.

제2항. 제3항에 규정된 경우를 제외하고는 섬의 영해, 접속수역, 배타적 경제수역 및 대륙붕은 동 협약의 규정에 따라 결정한다.

제3항. 인간이 지속적으로 거주할 수 없거나 독자적인 경제활동을 유지할 수 없는 암석은 배타적 경제수역이나 대륙붕을 가지지 아니한다.

이 조항에 따르면, 제121조 제1항을 충족하는 섬이 제3항에 '명시된 지속적인 거주와 독자적 경제활동'의 요건을 충족하게 될 경우 배타적 경제수역을 가질 수 있다. 해양의 한 점에서 사방 200해리의 배타적 경제수역은 넓이가 약 43만km^2에 해당한다. 이는 일본열도의 육지 면적이 약 37만km^2라는 점을 고려하면 엄청난 면적이다. 따라서 관련 해양이익도 지대하다.

그럼, 제1항과 제3항을 중심으로 그 내용을 구체적으로 살펴보자.

1. 유엔해양법협약 제121조 제1항과 독도

유엔해양법협약 제121조 제1항은 도서에 관한 정의로, 도서의 성립 요건을 명시하고 있다. 그것은 '자연적으로 형성된 육지'일 것, '물로 둘러싸여 있을 것', 그리고 '만조(滿潮) 시에 수면 위에 육지를 형성할 것'의 세 가지이다. 세 가지 요건을 차례로 살펴보자.

먼저, 첫째 요건인 '자연적으로 형성된 육지'에 따라, 인위적으로 만들어진 형성물인 '인공도(artificial island)'나 섬과 같은 용도로 쓰이는 대형 선박의 경우는 육지로 간주될 수가 없으며, 따라서 이는 도서가 될 수 없다. 등대나 방어탑, 유전 개발을 위한 고정구조물(석유 플랫폼[oil-platform]) 등의 인공시설 역시 도서가 될 수 없다.

통상 '인공도'로 불리는 인위적 형성물은 도서와는 달리 별도의 국제법적 규율을 받게 된다. 유엔해양법협약 제56조, 제60조 및 제80조가 그러한 법적 규율의 근거규정들이다. 다만, 자연적으로 형성된 도서에 있어서 일부 수역을 매립하여 도서의 면적을 넓힌 경우는 확대된 새 지역이 인공도가 아니라 도서의 새로운 일부로 취급된다.

둘째 요건인 '(도서는) 물로 둘러싸여 있을 것'은 일부는 육지의 연장이고 다른 일부는 바다로 둘러싸인 사주(沙洲)나 사취(砂嘴), 바닷가에 있는 모래톱 등이 도서가 아니라는 의미이다. '물로 둘러싸인 것'이란 문구는 본래 대륙과 구별하기 위한 표현으로, 물로 둘러싸인 육지인데 대륙보다 작은 것을 도서라 한다. 현재 대륙에는 유라시아(유럽+아시아), 미주(남미+북미), 아프리카, 호주, 남극 등 다섯 개가 있다. 대륙 가운데 남극이 제일 작고, 도서로서는 그린란드(Greenland)가 가장 크다.

셋째 요건인 '만조 시에 수면 위에 형성된 육지'는 간조 시에는 수면 위에 돌출되나 만조 시에는 수면 밑으로 들어가는 간출지 또는 '간조 시 융기(low-tide elevation)'는 도서에 해당하지 않는다는 의미다. 유엔국제법위원회(International Law Commission, ILC)는 만조 시에 해상에 돌출하는 융기만을 도서로 간주해 왔다. 이러한 입장은 유엔해양법협약에도 그대로 반영되었다. 간출지에 관해서는 유엔해양법협약 제13조에서 별도 규정을 두고 있다. 한편 도서로 인정받기 위한 조건과 관련해서는 유엔해양법협약은 면적 내지는 크기를 도서의 요건으로 특별히 명시하고 있지 않다.

이상의 도서의 세 가지 성립 요건을 고려하여 독도를 살펴보자. 독도는 동해의 심해 해저에서 솟은 용암이 굳어져 형성된 바위섬이자 일종의 해저화산이다. 그 생성 시기는 신생대 제3기 플라이오세 전기부터 후기, 약 460만 년 전부터 250만 년 사이로 추정된다. 위치는 동경 131° 52′ 10.4″~51′546″ 북위 37°14′ 26.8″~30.6″, 동해안까지 가장 가까운 경북 울진군 죽변항에서 216.8km 지점이자 울릉도에서 동남쪽으로 87.4km 지점에 위치한다. 동도와 서도를 비롯한 다수의 부속 섬과 암초를 포함하여 총면적은 187.554m²로, 이는 서울 여의도 광장의 절반 정도다. 동도는 면적 73.297m²에 높이 98.6m, 둘레 2.8km, 그리고 서도는 88,740m²에 높이 168.5m, 둘레 2.6km다. 동도와 서도는 폭 110~160m, 깊이 10m, 길이 330m인 물길을 사이에 두고 나뉘어 있다. 동도는 최고봉이 98.6m로, 경사가 급하며 북쪽에 2개의 화구 흔적이 있는 반면, 서도는 최고봉이 168.5m로, 산정이 비교적 뾰족하다. 이러한 독도의 지리와 지형을 고려하면 독도는 유엔해양법협약 제121조에 명시된 도서에 해당하며, 합법적인 도서로 인정된다. 독도는 인공도가 아니라 자연적으로 형성된 육지이며, 물로 둘러싸여 있고, 만조 시에도 해수면 위에 드러나기 때문이다.

2. 유엔해양법협약 제121조 제3항과 독도

유엔해양법협약 제121조 제3항은 "인간이 지속적으로 거주할 수 없거나 독자적인 경제활동을 유지할 수 없는 암석은 배타적 경제수역이나 대륙붕을 가지지 아니한다."(Rocks which cannot sustain human habitation or economic life of their own shall have no exclusive economic zone or continental shelf.)라고 규정하여, 바위섬의 법적 지위 내지 해양관할권을 명시한 것이다.

이 조항을 근거로, 먼저 바위섬의 유형을 네 가지로 나누어 볼 수 있다.

첫째는 인간이 거주할 수는 없으나 독자적 경제생활을 지탱할 수 있는 바위섬이다. 둘째는 인간이 거주할 수는 있으나 독자적 경제생활을 지탱할 수 없는 바위섬이다. 셋째는 인간이 거주할 수도 없고 독자적 경제생활을 지탱할 수도 없는 바위섬이다. 넷째는 인간이 거주할 수도 있고 동시에 독자적 경제생활을 지탱할 수 있는 바위섬이다. 유엔해양법협약 제121조 제3항의 내용에서 언급한 두 조건은 'or'로 연결되기 때문에 둘 중의 어느 한 조건만을 충족시켜도 된다는 의미이다. 여기서 첫째 유형은 거주할 수 없는데 경제생활을 한다는 점에서 설정 자체가 모순이어서 제외하고, 셋째 유형은 배타적 경제수역 또는 대륙붕을 가질 수 없게 된다. 이러한 바위섬은 12해리 영해는 가질 수 있다. 둘째 유형도 있는데, 이 역시 경제생활을 할 수 없으면 지속적 거주가 어렵다는 점에서 제외할 수 있다. 넷째 유형은 이 조항에 따라 배타적 경제수역 및 대륙붕을 가질 수 있는 완벽한 조건이 된다. 따라서 넷째 유형의 바위섬은 기본적으로 12해리 영해를 가질 수 있고, 동시에 배타적 경제수역도 가질 수 있게 된다. 이는 바위섬도 일정한 조건을 갖춘 경우, 예외적으로 일반적인 도서와 같은 법적 지위를 가지게 됨을 의미한다.

결국 바위섬의 네 가지 유형을 고려하면, 유엔해양법협약 제121조 제3항이 '인간의 거주(human habitation)' '또는' '독자적 경제생활(economic life of their own)'이라고 조건을 명시하고 있지만, 실제로는 '인간의 거주'와 '독자적 경제생활' 두 가지 '모두' 충족하는 경우가 보편적으로 이 조건을 충족한다고 보아야 할 것이다.

여기서 '인간의 거주'와 관련해서는 다음을 고려해야 한다. 첫째, '인간의 거주' 개념은 인간의 거주 '가능성(possibility)' 혹은 '수용능력(sustainability)'을 의미하는 것이지, 실제로 거주하고 있다는 '사실적' 개념이 아니다. 따라서 '인간의 거주를 유지할 수 없다'는 말은 '현재 사람이 살지 않는다(uninhabited)'는 의미가 아니라, '사람이 살 수 없다(uninhabitable)'는 의미로 새겨야 한다. 둘째, '인간의 거주'와 관련하여 일정 규모 이상의 사람들이 살아야 한다는 객관적 기준은 존재하지 않는다. 셋째, 인간의 거주는 1년 365일 내내 상주, 즉 항시적인 거주를 의미하지는 않는다. 1년 중 '상당 기간'을 거주해도 무방한 것으로 해석된다. 다만 '상당 기간'이 구체적으로 어느 정도의 기간인지는 확정된 바는 없다. 넷째, '인간의 거주' 수용능력과 관련해서 통상 식수와 경작 가능한 토양이 중요한 기준으로 제시되고 있다. 그러나 수렵, 채집, 어로 등의 생계수단을 감안하면 경작지가 판단기준이 될 필요는 없다. 다섯째, 거주의 주체인 '인간'은 통상 '민간인' 혹은 '시민(civilians)'을 의미하는 것으로 풀이된다. 기상기지 요원이나 경찰이나 군인 등 특별히 파견된 경비인력이 여기서 말하는 '인간'에 포함되는지에 여부에 대해서는 확립된 국제법 원칙이 존재하지 않는다. 일부에서는 이러한 요원은 '인간의 거주' 요건을 충족시키지 못한다는 주장을 하기도 하지만, 군대나 경찰의 주둔, 훈련 등과 대비하여 장기간 지속적으로 거주하는 경우에는 거주에 속한다고 보아야 할 것이다.

다음은 '독자적인 경제생활'에 관해 고려해 보자. 먼저, '경제' 내지 '경제생활'이라는 개념이 생산, 분배, 소비, 교환을 내포하는 개념이라는 점에 주목해야 한다. 그런 점에서 유엔해양법협약 제121조 제3항에서 말하는 도서 내의 '경제생활'의 범주가 반드시 '모든 산업분야'라고 해석할 필요는 없다. 왜냐하면 도서가 가진 특성상 경제생활을 위한 산업분야가 한정되어 있기 때문이다. 따라서 산업의 종류나 분야에 무관하게 인간이 삶을 영위하기 위하여 필요한 부문의 경제생활이 이루어지면 된다. 둘째, '독자적(their own)'인 경제생활은 도서 내에서의 '완전 자급자족(complete self-sufficiency)'을 의미하는지의 문제이다. 일부는 도서 내에서 자급하고, 다른 일부는 외부에서 필요한 물자와 설비를 들여와 경제생활을 영위하는 경우도 '독자적' 혹은 '자급자족'의 경제생활이라고 보는 것이 오늘날 통설이다. 실제로 육지 내의 특정 행정단위도 완전히 '독자적'인 경제생활체를 가지는 경우가 드물다. 셋째, '독자적인 경제생활'의 개념은 현재라는 시점이나 특정 시기에 한정되는 것이 아니라 미래의 특정 시점이나 기간이 될 수 있다는 의미다. 지금은 독자적인 경제생활이 어려워도 장래 '독자적'인 경제생활이 가능해질 수 있는 경우도 이에 포함된다 할 것이다.

이러한 해석을 적용하면, 오늘날 과학기술과 교통·통신시설의 발달 수준과 어족자원 등 경제생활의 가능성을 고려하면, 거의 모든 바위섬이 협약 제121조 제3항이 요구하는 두 가지 요건을 충족할 수도 있다.[110] 그럼, 두 가지 요건을 독도에 적용해 보자.

먼저, '인간의 거주' 요건이란 측면에서 독도의 상황을 보자. 독도의 동도에는 독도경비대 1개 부대가 연중 주둔하면서 도서 경비 임무를 수행하고 있다. 서도에는 민간인은 김성도(이장), 김성열 부부를 포함하여 등대관리 요원, 울릉군 행정요원 등이 상주하고 있다. 서도에는 식수를 얻을 수 있는 물골이 존재하며, 약간의 채소를 재배할 수 있는 공간도 있다. 주거시설로 동도에는 경비대 막사가 있고, 서도에는 어업인 숙소가 있다. 이런 조건을 고려하면, 독도는 인간의 거주 조건을 충분히 갖추고 있다고 할 수 있다.

이와 관련해서 독도 민간인의 거주 현황을 보면 상당한 기간 동안 거주가 지속되었음을 알 수 있다. 1953년 4월 27일 울릉도 주민으로 구성된 독도의용수비대(대장: 홍순칠)가 창설되어, 1956년 12월 30일 경비 임무

110 김영구, "동해에 있어서 한일 간의 EEZ 경계 획정에 관련한 해양법협약 제121조 제3항의 해석과 그 적용," 『서울국제법연구』, 제3권 제1호(1996), pp. 66~67 참조.

를 울릉경찰서에 인계할 때까지 독도에서 거주하였다. 1980년 최종덕 씨가 울릉도에 전입하였는데, 그는 수중 창고를 마련하고 전복 수정법, 특수어망을 개발하여 '서도'의 중간 분지에 물골이라는 샘물을 발굴하는 등 초인적 노력을 쏟았다. 그 후 최종덕 씨의 사위로 울릉도 주민이었던 조준기 씨가 1986년 7월 독도로 전입해 수산물 채취권을 이어받았다. 그는 1년 내내 상주하지는 않았으나 매년 상당 기간을 독도에서 보낸 것으로 알려지고 있다. 1991년 11월 17일 김성도(당시 56세) 외 가족(1명)이 서도에 전입하였고, 서도에 물양장을 설치하였다. 이들은 일정 기간을 제외하고는 독도에 상주하고 있다. 이상의 사실을 보면 독도는 인간이 실제로 거주하고 있는, 거주 가능한 지역임이 분명하다.

그럼, 독도의 '독자적 경제생활' 요건을 보자. 독도를 단일경제체로 보면, 독도는 사람의 생존과 생활에 필요한 전부를 수급할 수 있는 '완전한 자급자족의 경제생활'은 어려운 곳이다. 그러나 외부 지원을 고려하면, 자급자족의 생활을 충분히 할 수는 있다. 실제로는 도서에서의 생활이 경제적, 문화적 분야에서 조건이 구비되지 못하는 것이 현실이다. 그러나 경제생활의 면을 본다면, 식수를 확보하고, 어류(오징어, 명태, 대구, 문어, 새우, 미역, 다시마, 전복, 소라, 해삼, 김 등)와 채소류를 채취 또는 생산할 수 있다. 쌀이나 밀 등 주식의 공급은 외부에서 반입, 지원된다. 현재 독도 주민 김성도 씨가 독도카페를 운영하고 있으며, 이를 통해 일정한 소득을 얻고 있다.

요컨대 독도는 인간이 거주하면서 독자적으로 경제생활의 유지가 가능한 바위섬이기 때문에, 유엔해양법협약 제121조 제3항에 따라 12해리 영해를 가지고,[111] 배타적 경제수역과 대륙붕을 가질 수 있다.

111 대한민국은 1977년에 발표한 영해법(1995년에 '영해 및 접속수역법'으로 대체)에 따라 독도 주변 12해리 해역을 영해로 가진다.

3. 유엔해양법협약의 핵심 쟁점과 독도

1994년에 발효된 제3차 유엔해양법협약은 기존에 해양 이용이 해양국 중심으로 이루어지던 것이 연안국 중심으로 전환되는 계기가 되었다는 점에서 큰 의미가 있다. 대표적인 조항이 배타적 경제수역에 관한 것으로, 항해의 자유를 보장하는 공해를 축소하고 육지의 주권 내지 관할권을 해양으로 확장시켰다.

유엔해양법협약이 이루어진 과정은 이렇다. 제2차 세계대전 이후, 유엔은 해양법의 법전화를 위한 회의를 소집하였다. 1958년과 1960년에 각각 제1, 2차 제네바 회의가 열렸지만, 영해의 기준 설정이 모호했으며, 하나로 통합되어야 할 바다 관련 협약이 4개 분야로 나뉘어 체결된 문제점이 있었다. 그 이후 1982년에 제3차 유엔해양법협약이 제안되었고 1994년에 발효되었다.

유엔해양법협약의 요점은 다음과 같다. 첫째, 내수, 영해, 공해의 전통적 삼분법을 수정하고 군도수역, 접속수역, EEZ 등 특수수역을 설정했다. 둘째, 인류의 공동유산이라는 개념을 심해저에 도입하는 데 성공했다. 셋째, 영해의 폭을 가능한 최대로 확대하는 데 합의하였다. 넷째, 대륙붕의 '법적' 정의를 명확히 하였다. 다섯째, 해양 관리, 해양규칙 차원에서 바다 관련 법규를 하나의 법전으로 통괄하였다. 여섯째, 바다 관련 분쟁의 평화적 해결을 위한 강제관할권을 창설하였다.

유엔해양법협약의 각 내용을 구체적으로 정리해 보면 다음과 같다.

첫째, 영해의 폭을 결정했다. 기존의 해양법 체계에서는 영해에 대한 정확한 정의가 없었지만, 동 협약 제3조에서는 "영해의 폭은 기선으로부터 12마일을 넘지 못한다."라고 규정했다.

둘째, 영해와 관련한 중요한 국제법적 개념을 정리했다. 통상기선과 직선기선(기선 설정 문제), 무해통항(영해에서 인정됨), 통과통항(접속수역에서 인정됨), 유해통항(제19조의 제1항, 제19조 제2항의 '12가지 행동')의 개념을 분명히 했다.

셋째, 영해 관련 논쟁점들을 정리했다. 제25조에 언급된, "(연안국은) 무해하지 아니한 통항을 방지하기 위하여 필요한 조치"를 영해 내에서 취할 수 있다고 한 것과 제30조, 제32조의 충돌 조항을 분명히 한 것이 이것이다.

넷째, 배타적 경제수역(EEZ)의 개념을 도입했다. 제2차 세계대전 이후 일부 국가들의 주도로 주장되기 시작한 배타적 경제수역 개념을 제55조 '특별한 법제도'로 법조문화했다. 이 조항에서는 "영해 밖에 인접한 수역으로서 기선으로부터 200마일을 넘을 수 없다."라고 규정했다. 그러나 이 규정은 공해와 영해의 구분에서 모호한 부분이 있다. 이를 해석하는 과정에서 그 범위에 대해 대륙붕 연장과 관련하여 350해리까지 주장되기도 한다. 또 다른 쟁점이 있는데, 그것은 EEZ 내에서 타국의 군사훈련 문제이다. EEZ의 경계 획정 문제에서도 기점과 기선의 설정과 관련하여 인접국 간 갈등의 원인이 되고 있다.

다섯째, 기타 특수수역의 설정으로 영해 제도가 다원화되었다. 24해리 접속수역의 개념이 도입되고, 그에 따른 문제를 해결하기 위해 통과통항 개념이 도입되었다.

여섯째, 심해저 제도를 명확히 하였다. 트루먼 대통령의 〈대륙붕 선언〉 이후 문제가 된 대륙붕의 법적 정의를 내렸다. 그러나 대륙붕의 경계 문제는 여전히 문제가 되고 있다. 국제연합대륙붕한계위원회가 이 문제에 대해 개입하고 있지만, 국가 간 분쟁을 해결하는 데는 한계가 있다. 그 대표적인 사례가 중·일 간의 동중국해 대륙붕 경계 획정 분쟁이다.

일곱째, 강제적 분쟁 해결 제도를 도입했다. 해양법 관련 분쟁 발생 시

강제적인 해결 수단을 만들었다. 물론 이 조항이 발동하려면 '분쟁의 평화적 해결 의무'(제279~285조) 등의 과정을 거쳐야 하고, '강제적 분쟁 해결의 예외를 인정'하고 있어서(제297~299조), 그 강제력은 그리 크지 않다.

유엔해양법협약에 등장한 해역을 구분하여 표로 나타내면 다음과 같다.

표 3_유엔해양법협약에 의한 해역의 구분

구분	내용
영해	• 국토에 인접하는 해역으로 영해의 주권은 상공, 해저 및 하층토에까지 포함함. • 제3차 유엔해양법 회의에서는 12해리를 초과하지 않는 범위 내에서 영해를 설정함. • 대한민국은 기선으로부터 외측 12해리 해역을 영해로 설정함.
접속수역	• 영해와 접하는 수영해역으로, 원칙적으로 공해수역이나 연안이 서로 마주 보거나 인접하는 연안국 간 협정에 의해 구획됨. • 해당 국가들은 접속수역 내에서 경찰, 관세, 위생 등 특정 사항에 대한 관리권을 행사할 수 있음. 통상 24해리의 범위 • 대한민국은 기선으로부터 외측 24해리 기준을 채택함.
배타적 경제수역	• 해저광물 자원이나 어업 등 생산자원에 대한 자국의 연안자원 보호를 위한 수역 • 해당 국가는 수역 내에서 생물·무생물 등 천연자원의 탐사·개발·보존·관리·인공도서·시설·구조물의 설치·사용, 해양 과학조사에 관한 배타적 권리를 가짐. • 대한민국은 기선으로부터 외측 200해리 기준을 채택함.
대륙붕	• 기선으로부터 200해리 이내 해역, 최적암 두께에 따라 350해리 이내 해역, 수심 2,500m 등심선으로부터 100해리 이내 해역(최대 350해리까지) 등을 기준으로 함. • 제3차 유엔해양법 회의에서 기선으로부터 200해리 거리 해저 구역을 연안국 관할 대륙붕으로 하는 새로운 대륙붕 개념에 합의함. • 해당 국가는 지하자원 및 정착성 생물자원 개발·탐사에 대한 권한을 가짐.

영해는 연안국의 해안에 인접한 해양으로, 연안국의 주권이 미치는 일정한 범위의 바다를 의미한다. 1982년, 유엔해양법에 성문화되었는데, 범위의 기준은 연안으로부터 12해리이다. 해안선이 단조로울 경우에 해안선으로부터 12해리 통상기선을 적용하고, 연안선이 복잡하고 연안 근거

리에 위치한 섬일 경우에 영토의 몇몇 지점을 정하여 직선으로 이은 직선 기선을 사용한다.[112]

배타적 경제수역은 영해를 제외한 연안국의 외측에 인접한 기선으로부터 200해리까지 미치는 범위의 수역을 말한다. 연안국은 이 수역 내에서 해면과 해저, 해상, 하층토, 그리고 상부수역의 생물, 비생물 천연자원의 탐사, 개발, 보존, 관리를 위한 주권적 권리를 가지며, 인공 섬, 시설물 등의 설치, 사용과 해양의 과학적 조사 및 환경보존 등에 관한 관할권을 갖는다. 이 수역에서는 연안국 이외의 타국도 항행의 자유, 공해 비행의 자유 및 관선 부설의 자유를 가지며, 일정한 조건하에 생물자원 개발에 참여할 수 있다. 배타적 경제수역의 폭은 영해기선에서 200해리까지 이르는 광대한 수역이다. 200해리까지 획정할 수 없을 정도로 수역의 범위가 상호 중첩하는 경우, 즉 상호 간의 거리가 400해리 미만인 인접국 및 대향국 간에는 필연적으로 배타적 경제수역 경계 획정 문제가 발생하게 된다.[113] 이러한 경계 획정 문제, 특히 대륙붕과 배타적 경제수역의 경계 획정 문제는 유엔해양법 회의의 협의 과제 중 가장 어려운 것이다. '중간선 원칙'과 '형평의 원칙'이 대립하고 있으나, 양 원칙 중 어느 것도 우선권을 인정치 않고 있다. 다만 유엔해양법협약 제74조에서 "서로 대향하거나 인접한 연안을 가진 국가 간의 배타적 경제수역의 경계 획정은 형평한 해결에 도달하기 위하여 국제사법재판소 규정 제38조에 언급된 국제법을 기초로 합의에 의하여 성립되어야 한다."라고 결론지었다.[114]

112 박기갑·김자영, 『영유권 취득·상실에 있어서 국가의 일방적 행위가 갖는 국제법적 효력에 관한 연구: 최근 사례를 중심으로』(한국해양수산개발원, 2008) 참조.

113 정문섭, "동북아시아 지역의 해양 분쟁과 그 함의"(한국아시아학회, 『아시아연구』, 2008), p. 21.

114 김영구, 앞의 논문 참조.

대륙붕은 기선으로부터 200해리 이내 해역, 최적암 두께에 따라 350해리 이내 해역, 수심 2,500m 등심선으로부터 100해리 이내 해역(최대 350해리까지)을 기준으로 한다. 특히 제3차 유엔해양법 회의에서 기선으로부터 200해리 거리의 해저구역을 연안국 관할 대륙붕으로 하는 새로운 대륙붕 개념이 합의되었다. 해당 국가는 지하자원 및 정착성 생물자원에 대한 개발·탐사의 권한을 가진다.

대륙붕이 중요한 이유는 여러 가지다. 먼저 이곳이 석유, 가스를 비롯한 각종 자원의 매장 가능성이 높은 지역이기 때문이다.[115] 대륙붕의 중요성이 부각된 것은 대륙붕 석유 개발이 경제·기술적으로 가능해지면서이다.[116] 그래서 많은 나라가 대륙붕을 육지의 연장으로 간주해 그 속에 묻힌 자원의 권리를 주장한다. 1958년에 체결된 대륙붕 조약도 원칙적으로는 이와 같은 권리를 인정하고 있지만, 주변 국가들 간의 대륙붕의 경계선이 확정되지 않은 지역이 많다. 또한 대륙붕에는 석유 및 천연가스 등의 광물자원이 부존되어 있으며 심해저에는 엄청난 양의 망간, 구리, 니켈, 코발트 등의 유용한 금속 자원이 포함되어 있다.[117] 마지막으로 군사적·안전보장적 측면에 있어서 대륙붕은 매우 중요한 의미를 갖고 있다. 특히 대륙붕은 잠수함 작전에 있어 중요한 지형지물이 된다.[118] 독도 해역의 경우는 대륙붕에 해당하지 않지만 잠수함 작전에 중요한 지형적 조건을 가지고 있어서, 군사전략상 가치가 크다.

115 최병학, "해양영토 분쟁과 독도 영유권에 대한 연구"(한국지방정부학회, 『지방정부연구』, 2010), p.,5.

116 박기갑·김자영, 앞의 논문 참조.

117 정문섭, "동북아시아 지역의 해양 분쟁과 그 함의" 참조.

118 정문섭, 위의 논문 참조.

제9장

신한일어업협정

1. 신한일어업협정의 체약

1998년 11월 28일, 한국과 일본 간에 신한일어업협정이 체결되었다. 1965년 6월 22일에 체결되고 당해 12월부터 발효된 한일어업협정을, 일본이 1996년에 200해리 EEZ 제도를 선포하면서 일방적으로 종료시켰기 때문이다. 그 후 양국은 1997년 7차례, 1998년 8차례의 공식협상을 거쳐 그해 10월 9일에 신한일어업협정에 가서명하고, 11월 28일에 정식 서명한 것이다. 이에 따라 신한일어업협정은 이듬해인 1999년 1월 6일에 국회 비준을 거쳐 1월 22일부터 정식 발효되었다.

주요 내용은 EEZ의 설정, 동해 중간수역 설정, 제주도 남부 수역 설정, 전통적 어업 실적 보장 및 불법 조업 단속, 어업공동위원 설치 등이다. 이 어업협정이 발효됨에 따라 독도 해역은 잠정적으로 양국이 공동 조업할 수 있는 중간수역에 포함되었다. 또한 한국은 제주도 해역의 상당 부분을 일본에 고스란히 넘겨주게 되었고, 한·일 대륙붕 공동 개발 상부 수역이 아무런 타당한 이유 없이 8/10이 일본에 넘어갔으며, 나머지 2/10만 일본과 공동 관리하게 되었다.

2. 신한일어업협정과 독도 문제

신한일어업협정 체결 결과는 커다란 문제를 몇 가지 초래했다. 그 내용을 살펴보자.

가장 큰 문제는 독도를 기점으로 하지 않고 울릉도를 기점으로 오키 섬과의 중간선을 경계 획정 선으로 삼았다는 점이다. 그리고 독도 해역을 중간수역으로 설정함으로써 한국은 독도 영유권에 대한 확정적인 의사표시를 하지 못했다. 체약 당시 한국 정부의 입장은 어업협정과 영유권은 별개라는 것이었다. 그 근거로는 이 협정 제15조 "이 협정의 어떠한 규정도 어업에 관한 사항 외의 국제법상 문제에 관한 각 체약국의 입장을 해하는 것으로 간주되어서는 아니 된다."라는 조항을 들었다. 이는 배제조항(분리조항)으로, 본래 한일어업협정이 독도 영유권 문제와는 무관하다는 점을 강조하기 위한 조항으로 고안한 것이다. 그러나 일본의 해석은 이와 다르다. "협정의 어떠한 규정도 어업에 관한 사항 외의 국제법상 문제, 특히 다케시마 영유권 문제에 관한 일본의 입장을 해하는 것으로 간주되어서는 아니 된다."라고 해석한다. 결과적으로 한국의 독도 영유권 주장과 일본의 다케시마 영유권 주장이 동시에 합리성을 가지도록 정리되어서 일본이 독도 영유권을 주장할 수 있는 국제법적 근거를 제공한 꼴이 되었다.

내용을 보면, 독도가 포함된 동해 중간수역을 획정하는 데 있어 한·일간 중간선이 아니라 중간수역에 의해 설정되었으며, 중간수역에서 기국주의[119]가 채택되었다. 중간수역의 설치 및 기국주의의 인정은 본래 한국

119 공해상의 배나 항공기는 그 선박이나 항공기가 게양하는 국기가 표시하는 나라만이 관할권을 행사한다는 국제법상의 일반원칙.

단독으로 관할해야 할 EEZ에 대하여 일본도 관할권을 가질 수 있음을 의미한다. 결국 신한일어업협정의 결과는 독도 해역에 대한 한국의 단독 EEZ 관할권을 확보하지 못하게 된 것이다.

중간수역은 '공동관리수역'의 성격을 갖는다. 본래 한국이 단독으로 관할할 수 있고, 또 그래야 마땅한 수역이 이른바 중간수역이란 것으로 불리며 공동관리 체제가 되었다. 그 결과, 일본은 중간수역에 대해 일정한 주권적 권리를 확보하게 되었다.

신한일어업협정에 따라 일본이 확보한 주권적 권리를 보면 다음과 같다. ① 기국주의의 적용으로 일본은 중간수역에서 발생하는 자국 어선과 어민의 불법적 어로활동과 동 수역에 존재하는 자국 선박 내의 형사적 및 민사적 문제 등에 대해 규율할 수 있다. 곧 형사관할권, 민사관할권, 어로활동 단속권을 일본이 절반을 가질 수 있다. ② 일본은 자국 국민 및 어선에 대해 해양생물자원의 보존과 관리를 위해 적절한 조치를 취할 수 있다. ③ 한국은 자국 국민 및 어선에 대해 실시한 조치를 일본에 통보해야 하며, 일본도 한국에 대해 동일한 조치를 취해야 한다. 일본은 한국에 배려를 요구할 권리를 확보했다. ④ 한국은 자국 국민 및 어선에 의한 어획량 기타 관련 정보를 일본 측에 제공해야 한다. 일본 측도 한국에 대해 동일한 의무를 진다. 일본은 한국에 어획량 기타 관련 정보 제공에 대한 청구권을 가진다. ⑤ 한국은 일본 국민 및 어선의 위반사항에 대해 일본 측에 통보하고, 단속 결과 등에 대해서도 일본에 통보해야 한다.

또 다른 문제의 하나는 동 해역에 대해 대한민국의 주권을 제약할 수 있는 권능기구가 설치되었다는 점이다. 바로 이 협정의 제12조 제1항 "양 체약국은 이 협정의 목적을 효율적으로 달성하기 위하여 한일 어업공동위원회를 설치한다."라는 조항 때문이다. 이 항목에 따라 한·일 공동관리수역을 관할하는 별도의 기구가 설치됨으로써 이곳이 한국의 주권을 넘어서는 권리를 행사할 수 있게 된 것이다. 동 조 제4항의 규정은 "양 체약국은 위원회의 권고를 존중한다."라고 하여 이 별도의 기구의 권능이 대한민국의 주권을 제약할 수 있음을 밝히고 있다. 일본에서 '존중'이란 말은 강제적인 의미가 포함된 말이다. 협정 제13조에서는 "양 체약국 정부는 이 조항의 규정에 의한 중재위원회의 다수결에 의한 결정에 따른다."라고 하여 공동관리수역 관리를 위해 독립적으로 만들어지는 기구의 권능이 대한민국의 주권을 제약할 수 있는 권능이 있음을 명문으로 밝히고 있다.

신한일어업협정의 또 다른 문제는 속도(屬島) 이론을 무력화시켰다는 점이다. 독도가 대한민국의 영토라고 주장하는 가장 중요한 국제법적 근거는 독도가 울릉도에 소속된 섬이라는 데 있다. 작은 섬은 큰 섬에 소속된 것으로 보는 것이 국제법의 관행이다. 이러한 법적 인식을 '속도 이론'이라고 부르는데, 신한일어업협정에서는 독도와 울릉도 사이에 경계선을 그어 울릉도와 독도를 다른 수역으로 분리하였다. 신한일어업협정의 경계선 설정은 조약에 의한 것이므로, 한국의 국내법적 체계에 따른 독도·울릉도 관계를 모두 무효로 만들어 버렸다. 따라서 울릉도와 독도는 국제법상 분리된 별개의 영역에 들어 있는 섬이 된다. 자연적인 귀결로 독도가 울릉도의 속도라는 개념도 성립될 수 없게 된 것이다. 이에 대해 대한민국 정부의 입장은 2001년 3월 21일자 '신한일어업협정에 관한 헌법소원 판결'에 잘 나타난다. 판결 내용은 동 협정이 독도의 영유권, 영해 및 배타적 경제수역에 영향을 주는 것이 아니라는 것이다.

신한일어업협정과 관련하여 독도 처리 사항은 당시 한국 정부의 명백한 과실이다. 가장 큰 과실은 해양영토 독도가 가지는 가치와 배타적 경제수역 등 국제법적 지위에 대한 인식수준이 낮았다는 점이고, 둘째 과실은 금융위기라는 어려운 상황을 틈탄 일본의 침공전략에 속수무책으로

당했다는 점이다. 1994년에 유엔해양법협약이 발효된 이후 일본이 배타적 경제수역 확보를 위해 발 빠르게 움직인 데 반해, 우리는 일본의 의도를 파악하지 못한 것이다.

양국 간의 협약은 법적인 문제이기도 하지만 궁극적으로는 정치적인 문제이다. 신한일어업협정 과정에서 문제가 있었다면 이 협정을 파기하거나 개정하면 된다. 국제사회에서 체약되는 모든 협정이나 협약은 합리적이고 합법적이어야 한다. 1998년에 일본이 한국에 신한일어업협정 체결을 강요한 것은 한국의 금융위기 상황을 볼모로 한 협박이었다. 독도 해역을 중간수역으로 처리한 것도 분명히 대한민국의 영토와 수역을 침범한 행위이다. 때문에 신한일어업협정은 독도 관련 항목에서 불법 협정이며, 원인무효가 되어야 마땅하다. 한국 정부는 조속한 시간 내에 이 협정을 파기하고 재협상을 진행해야 한다.

제10장
한국 정부의 배타적 경제수역 대응 전략

독도가 배타적 경제수역을 가진 완전한 섬으로 인정받기 위해서는 국제법이 정한 일정 요건들을 충족해야 한다. 유엔해양법협약 제121조 제3항은 "인간이 지속적으로 거주할 수 없거나 독자적인 경제활동을 유지할 수 없는 암석은 배타적 경제수역이나 대륙붕을 가지지 아니한다."[120]라고 규정하여 바위섬(Rocks)의 법적 지위 내지 해양관할권을 명시하고 있다. 여기서 주목해야 할 조건들은 '지속적인 사람의 거주(sustain human habitation)'와 '자체 경제생활(economic life of their own)'이다. 두 가지 조건은 '또는(or)'으로 연결되고 있는데, 문구상으로는 두 조건 가운데 하나의 조건만 만족시키면 되는 것으로 해석된다. 사람의 거주와 관련해서는 거주를 위한 공간, 식수, 구조물 등의 조건이 필요하고, 이는 주소, 건축물대장, 주민의 거주 여부 등으로 판단할 수 있다. 자체 경제생활 관련 조건을 증명하려면 소득세 납부 증명서를 갖추는 것이 가장 좋다.

한국 정부가 독도의 배타적 경제수역 문제를 인식하고 정책에 반영한 것은 독도 주소 변경의 과정에 잘 나타난다. 독도의 원래 주소에는 '독도'

120 "Rocks which cannot sustain human habitation or economic life of their own shall have no exclusive economic zone or continental shelf."

가 없었다. 울릉군 남면 도동에 부속된 지번을 가졌기 때문에 공식적인 주소에 '독도'는 존재하지 않았다. 그러던 것이 2000년 행정구역 개편과 함께 독도는 '경상북도 울릉군 울릉읍 독도리 산 1~37번지'라는 새로운 주소를 가지게 되었다. '독도'가 주소에 기재된 것에 대해, 독도가 울릉도의 속도(屬島)로 처리되는 것이 유리한 점도 있기 때문에 독자적인 주소를 가질 필요가 없다는 의견도 제시되었다. 그러나 이는 그렇지 않다. 독도가 12해리 해역을 영해로 가지는 바위섬으로 존재할 때와 200해리 배타적 경제수역을 가진 완전한 섬으로서의 존재일 때는 그 위상이 달라져야 한다. 따라서 공식적으로 주소 상에 독도가 명칭을 가져야 한다. 특히 1998년 신한일어업협정 체결 과정에서 경계선 획정에 독도 기점을 확보하지 못하였기 때문에 일본에 독도 영유권 침범의 빌미를 줄 우려도 있었다. 그러나 당시 문제는 '독도리 산 1~37번지'의 지번이 부여됨으로써 '지속적으로 사람이 거주할 수 있는 섬'으로서의 조건은 갖추지 못한 결과가 된 것이다.

2005년, 독도 주소가 다시 개정되었다. 내용은 기존의 '독도리 산 1~37번지'를 '1~96번지'의 지번으로 바꾼 것이다. 새로운 주소에 따라 김성도 이장이 거주하는 어업인 숙소의 주소가 '경상북도 울릉군 울릉읍 독도리 20번지'로 되었다. 이로써 독도가 사람이 거주하는 주소와 지번을 가진 온전한 섬으로서의 조건을 구비하게 된 것이다.

한국 정부는 사람의 거주가 가능한 생활공간과 터전의 조건을 구비하기 위해 선착장을 만들었고, 어민 숙소를 준공했다. 독도방파제 건설을 위한 준비 작업에 착수했으며, 동해 독도종합해양과학기지 건설을 준비하고 있다. 이러한 사업들은 배타적 경제수역이 정한 '인공구조물을 설치할 수 있는 배타적 권리'를 충족시키는 결과가 되기 때문에 독도가 배타적 경제수역을 가지는 섬임을 역으로 증명할 수 있는 근거가 된다.

자체 경제생활의 조건 충족과 관련하여 독도 고유 전복 복원 사업을 추진했고, 홍해삼 종묘 배양장 시설을 마련했다. 2013년부터 독도 주민 김성도 씨가 독도카페를 열어 관광객들에게 기념품을 판매하기 시작했다. 이것들은 독도가 경제생활이 가능한 도서라는 점을 증명하는 데 중요한 자료가 될 것이다. 카페의 수익에 대한 세금 부여는 국가 행위를 증명하고, 판매 누적 금액은 독도 방문객의 규모와 수를 증명하는 자료가 되기 때문에 다양한 측면에서 독도전략에 부합한다.

한편, 경상북도는 울릉도일주도로 개통 작업을 진행하고 있고, 제4차 공항개발계획에 따라 사동항에 경비행장 건설을 추진하고 있다.

독도를 배타적 경제수역을 가진 도서로 만들기 위해서 반드시 투쟁해야 할 과제가 있다. 바로 제삼국의 독도 명칭인 '리앙쿠르 록(Rocks)'의 문제이다. 일본의 '다케시마(竹島)'라는 명칭에서도 독도는 암초(岩礁)가 아닌 섬(島)으로 표현되고 있다. 배타적 경제수역의 문제는 한·일 간의 문제가 아니라 항해의 자유와 관련한 공해 해역의 문제이기 때문에 여러 국가들의 공동 관심 사안이라 볼 때, 독도 문제는 민감한 사안이다. 때문에 유엔해양법협약에 규정된 '바위섬(Rocks)'은 도(島)보다는 초(礁)에 가까운 의미이기 때문에 독도가 '록(Rocks)'이 아니라 '섬(Islands)'으로 불리게 된다면 한국이 배타적 경제수역을 확보하는 데 보다 유리해질 것이다. 따라서 '독도'라는 우리의 고유 명칭을 세계에 인식시키는 것이 가장 중요한 과제이다. 이를 위해서는 지금 사용되고 있는 '리앙쿠르 록'을 사용하지 못하도록 설득하는 작업이 필요하다. 국제사회가 독도를 '독도'라 부르고 독도의 주민들과 교류하고 독도에 방문하게 된다면, 독도는 자연스럽게 배타적 경제수역을 가진 섬으로 공인될 것이다.

제4부_독도 전략과 정책

제11장
독도지정학과 독도의 전략가치

1. 독도 해역의 지정학적·전략적 가치

"해양을 지배하는 자가 세계를 지배한다."

이는 해양세력론의 주창자인 머핸(Alfred Thayer Mahan, 1840~1914)이 언명한 것이다. 그는 '해권'을 역사 과정에 불러내어 오늘날의 미국이 존재하게 만든 영웅으로 알려져 있다. 영국의 해양 지배가 미국 발전의 모델이 되어야 한다고 주장했다. 18세기 초, 영국은 발트해에서 중국에 이르는 핵심적인 해양 거점을 장악했다. 영국은 지브롤타 해협, 희망봉, 수에즈 운하, 호르무즈 해협, 싱가포르에 거점을 확보함으로써 대영제국을 완성할 수 있었다. 머핸은 자신의 저서 『1660~1783년의 역사에서 제해권의 영향(The Influence of Sea Power Upon History, 1660~1783)』에서 해권의 개념과 그 중요성에 대해 상세히 언급하였다.[121]

머핸은 해양을 '장벽'이 아닌 길'의 개념에서 접근했다. 바다가 육지가 끝나는 마지막 가장자리가 아니라 큰 공공항로라고 개념 전환한 것이다.

121 알프레드 사이어 머핸(Alfred Thayer Mahan), 蕭偉中·梅然 譯, 『海權論』(北京: 中國言實出版社, 1997).; 張煒·鄭宏, 『影响历史的海权论-马汉〈海权对历史的影响(1660~1783)〉浅说』(北京: 軍事科學出版社, 2000) 참조.

바다는 무한히 넓고 단조로운 대지와도 같은데 모든 방향에서 길이 교차한다고 생각한 것이다.

해양세력의 조건을 구비하기 위해서는 함대가 해양에서 운항할 수 있는 항구나 기지와 같은 거점을 마련해야 한다. 항로상의 도서, 해협 등 해양공간에 대한 정확한 시각이 필요하고 확보를 위한 정책이 뒷받침되어야 한다. 거점 확보나 중요 지점의 통제는 평화 시에 이루어져야 하며, 해양에 떠 있는 해군으로 구성되는 해양세력은 항구적 훈련이 필요하다.

해양세력이 갖추어야 될 조건들을 구체적으로 살펴보면 다음의 여섯 가지로 설명할 수 있다. 첫째, 지리적 위치가 적합해야 한다. 해당 국가에 국력이 해양에 집중되어야 하고, 전략적 이익이 존재해야 하며, 군사작전의 기반을 제공할 수 있어야 한다. 둘째, 자연적 조건이 충족되어야 한다. 해안의 만, 반도, 지형 등이 유리하게 형성되어 있어야 하며, 국내 부존자원이 충분하게 뒷받침되어야 한다. 항구 조성 여부와 바다로의 진출 가능 여부도 중요한 관건이다. 국가의 부와 군사력의 확대 가능성 여부도 중요한 조건이 된다. 간단히 정리하면, 해양으로의 진출은 '공격'을 의미하기 때문에 병법상 상대전력의 최소한 3배 이상의 능력을 구비해야 하는 만큼 다양한 국력의 조건들이 충족되어야 한다. 셋째, 영토 규모이다. 국가의 배타적 공간 크기가 중요한데, 특히 해안선 총 길이 및 굴곡과 항구를 가지고 있는가의 문제도 중요하다. 해양세력의 조건 중에 영토의 삼면이 바다에 접해야 한다는 주장도 있다. 넷째, 인구 규모이다. 인구의 절대수도 중요하지만, 바다와 어느 정도 친화력을 가지고 있는가 하는 인구의 성격도 중요하다. 예를 들어, 프랑스처럼 바다 기피 성향이 있으면 해양력 강화에 부정적이다. 이 때문에 프랑스 혁명 이후 프랑스는 인구가 영국보다 많았음에도 불구하고 친해양 성향이 강한 영국에 비해 해양력에서 뒤지게 된다. 다섯째, 국민의 성격이다. 해양세력 증강에 대한 태도로서 바다와 관련해 용감성, 참을성, 열정이 중요하다. 다시 말하면 포르투갈, 스페인, 영국, 네덜란드 등의 국민들처럼 해양적 기질을 가진 국민성이 중요하다. 마지막으로, 정부의 성격이다. 해당 정부가 해양사업에 대해 어떠한 성향을 가졌는가에 따라 해양력이 좌우된다. 바다 관련 부처가 활성화되고 있고 관련 사업이 적극성을 띠는가의 여부이다. 동시에 전쟁을 대비하는 방향도 관건이다. 해상에서 발생할 전쟁에 대비하는가의 문제로 무장해군의 수, 선박 톤수를 비롯하여 해군 규모를 확대·유지하는가의 여부도 해양세력 건설의 성패를 좌우하는 요건이다.

머핸이 제시한 이러한 조건들을 보면, 대한민국은 해양세력이 될 수 있는 조건들을 충분히 갖추고 있다. 삼면이 바다로 둘러싸인 반도 국가이며, 남서해안은 굴곡이 심하여 해양력을 배양·비축할 수 있는 천혜의 조건을 갖추고 있다. 양식, 조선 등 해양 관련 산업들도 활성화되어 있고, 여름 휴가철이면 전 국민이 바다를 찾는다 해도 과언이 아닐 정도로 국민들의 친해양 성향이 강하다. 또 전략적으로 중요 지점에 도서가 자리하고 있어서 항구, 기지로서의 역할을 충분히 할 수 있다.

문제는 동해안 해역이다. 동해는 해안선이 단조롭고 수심이 깊어서 적의 침입을 방어하기에 어려움이 크다. 따라서 동해안 방위를 위해서는 전진방어가 필요하며, 그 기지는 울릉도와 독도가 최적이다. 특히 울릉도와 독도 해역은 해산이 형성되어 있어서 선박이나 잠수함을 은닉하기에 최적의 조건을 갖추고 있다. 한류와 난류의 교차지점이고 해류의 흐름이 복잡해서, 훈련을 통해 익숙해진 진영이 해상 및 수중 전투에 유리할 수밖에 없다. 러일전쟁의 경험에서 이미 그 전략적 가치가 입증된 바 있고, 최근 중국과 러시아가 북한의 나진항을 조차한 것도 동해 진출을 위한 전략 차원에서 같은 맥락의 연장선상에 있다고 보인다.

독도의 중요성은 '해권(sea power)' 확립에 필수조건이 되기 때문에 강조된다. 해권은 일반적으로 '해상역량'과 '해상권력'을 말하는데, 이는 '국가주권'의 개념에 내포된 '해양권리(sea right)'를 포함한다. 해양은 지구상에서 육지 다음으로 중요한 공간이며, 육지와 마찬가지로 지구상에 살아가는 모든 인간 개체 혹은 군체들은 이를 함께 향유할 권리가 있다. 그러나 주권국가 등장 후 해양권리는 힘에 의해 만들어지고 유지되었기 때문에 '해권'을 통해서만 이를 향유할 수 있게 되었다. 머핸의 말처럼 '법만 있고 힘이 없으면 공정함을 유지할 수 없다. 법의 합리성 여부를 결정하는 것은 힘이 아니지만 그 유효성은 힘이 부여한다'[122]는 것은 현실이다. 역사적 경험을 보면 그 중요성을 알 수 있다. 1812년의 미·영 해전, 1840년의 중·영 아편전쟁, 1894년의 중·일 갑오전쟁, 1904년의 러일전쟁 및 2001년 4월의 중·미 전투기 충돌 사고 등은 해양권리 수호를 위한 해권 쟁탈전이었다.[123] 2013년 11월 23일, 중국 정부가 동중국해 일대에 방공식별구역을 선포한 것도 자국의 해양권리 수호를 위한 해권 행사라고 볼 수 있다.

'해권(sea power)'과 '해양권리(sea right)'의 관계는 다음과 같이 몇 가지로 설명할 수 있다. 첫째 목적과 수단의 관계이다. 해양권리가 목적이고 해권은 이를 보장받기 위한 수단이다. 둘째, 해권은 해양패권(sea hegemony)으로 전환될 가능성이 높다.[124] 논자에 따라서 해권(sea

122 알프레드 사이어 머핸(Alfred Thayer Mahan), 앞의 책, p. 417.

123 중국은 1840년에서 1949년 사이에 일본, 영국, 프랑스, 러시아, 독일 등으로부터 470여 차례 침범당했다. 그중에서 규모가 비교적 큰 것은 84차례나 되는데, 아편전쟁, 갑신전쟁, 갑오전쟁, 그리고 항일전쟁을 꼽을 수 있다.

124 'power'는 중세기 영어권에서는 'pouer'로 표기했다. 이는 고대 프랑스어 'poeir'에서 유래하는데, 어떤 일을 할 수 있는 능력(ability to)을 의미한다. 이후 타국에 대한 영향력과 통치력(a nation, esp. one having influence or domination over other nations)로 전의되었다. 그런데 '영향력과 통치력'은 주권국가의 자연법적인 '해양권리'와 '해양패권'(hegemony, leadership or domination, esp. that of one state or nation over others)으로 이분화되었다.

power)를 해상역량과 해상권력으로 구분하여 사용해야 한다고 주장하지만,[125] 이 둘은 결과적으로 같은 말이다. 왜냐하면 의미상 해상역량은 해상권리를 위한 수단이라고 정의되지만, 배타적으로 해상권리를 확보할 수 있는 수준의 해상역량은 이미 해상권력이기 때문이다. 원래 서구에서 사용하는 '해권(sea power)'은 해상권리라는 개념보다 머핸의 말처럼 '서구세계를 현재 수준으로 끌어올린 도구'라는 역량, 통제, 패권으로 이해되고 있다.[126]

동양에서는 '권(權)'의 의미가 저울추에서 기원한다. 이것이 후에 '권력'의 의미로 파생되었다.[127] 고대 왕조국가였던 상황을 고려하면, 권력의 개념이 '권리-의무(right-obligation)' 체계인 국제법과 다른 법체계였다고 볼 수 있다. 그리고 일반적으로 '해권'과 '제해권(command of sea)'을 혼용하는데, 실제로 둘의 의미는 다르다. 두 개념 모두 '권'의 범주에 속하지만, 해권은 법권의 범주에 속하는 것이고, 제해권은 권세에서 파생되었기 때문에 유리한 형세라는 의미로 해석된다.[128]

그런 점에서 독도 문제는 해권의 문제인 동시에 제해권의 문제이다. 일본은 해권을 명분으로 도발을 지속하고 있지만 실제는 제해권을 노리는 것이다. 때문에 독도 문제는 한·일 간의 영유권 문제로 제한되는 것이 아니라, 한·일, 중·일, 미·중, 러·일, 러·미 간의 제해권 쟁탈전이다. 최근 중국이 동중국해 일대에 방공식별구역을 선포한 것도 제해권과 관련이 있다.

125 張文木, "論中國海權", 『中國外交』(2004/01), p. 5.

126 알프레드 사이어 머핸(Alfred Thayer Mahan), 앞의 책, p. 259.

127 谷衍奎 編, 『漢字源流字典』(北京: 華夏出版社, 2003), p. 165.

128 中國社會科學院語言研究所詞典編輯室 編, 『現代漢語詞典』(北京: 商務印書館, 1996), p. 1048.

그림 29 한·중·일 방공식별구역 현황[129]

2. 배타적 경제수역 게임과 경제적·군사적 가치

일본의 독도 도발은 치밀하고 계산된 수순에 따라 이루어진다. 일본은 일정한 주기로 독도 해역을 침범하고 있으며 때로는 해양순시선을 보내고 때로는 해양탐사선을 보낸다. 그 의도는 분명하다. 한국의 독도 영유권을 인정하지 않겠다는 시위이고 한국의 독도 영유권이 합법적인 조건을 갖추지 못하도록 방해하려는 의도이다. 이는 국제법상 무주지를 선점할 경우 타국의 방해 없이 안정된 상태에서 국가의 관할행위를 지속해야 영유권을 취득할 수 있다는 조항들을 염두에 둔 행위이다. 그러면 일본이 독도에 해양순시선을 보내는 것은 그렇다 치고, 주기적으로 해양탐사선을 보내는 것은 무엇 때문일까? 여기에는 일본의 또 다른 의도가 숨어

129 「머니투데이」, 2013년 12월 2일자. ; 중국의 방공식별구역 선포에 대응해서 한국 국방부는 2013년 12월 8일, 이어도가 포함된 해역에 대해 방공식별구역 확대를 선포했다.

있다. 일본이 메이지 시대에 독도에 대한 명칭을 종래의 '송도(松島)'에서 '죽도(竹島)'로 바꾸었다는 사실에도 주의해야 한다. 당시 일본은 프랑스가 명명한 '리앙쿠르 열암(列岩)[Liancourt Rocks]'에 근거하여 독도를 '다케시마'로 개칭하였다. 그리고 지금은 '다케시마'와 '리앙쿠르'를 혼용하여 쓰고 있다. 이유가 무엇일까?

두 명칭 중 하나는 일본이 하나는 프랑스가 명명한 것으로, 둘 다 다양한 이름들 중의 하나여서 별 문제가 없다고 생각할 수도 있으나, 실제로 그렇지 않다. 양자 간의 차이는 엄청나다. 독도가 섬이냐 암초이냐를 구분 짓는 근거가 될 수 있기 때문이다. '다케시마(竹島)'라고 하면 독도는 도(島), 즉 섬(island)이 되는 것이고, '리앙쿠르 록'이라고 하면 독도는 록(rocks), 즉 바위(岩) 또는 암초가 되는 것이다. 독도가 '섬'일 때와 '바위'일 때 가질 수 있는 법적 권리는 비교할 수 없을 정도로 차이가 크다. 1994년에 발효된 제3차 유엔해양법협약은 연안국가가 200해리의 '배타적 경제수역(EEZ)'을 가질 수 있다고 규정하고 있다. 독도가 섬으로 법적 지위를 가질 경우는 사방 200해리의 배타적 경제수역을 가지게 되고 그 면적은 약 43만km^2에 달한다. 만약 그렇지 않을 경우, 독도는 12해리의 영해를 가질 수 있을 뿐이다. 따라서 독도가 배타적 경제수역을 가진 완전한 섬으로 인정받는 것은 독도 영유권을 확보하는 것만큼이나 중요하다.

일본이 두 개의 명칭을 혼용하는 의도는 자명하다. 독도가 일본의 것일 때는 '섬(island)'이라고 할 것이고, 일본의 것이 아닐 때는 '바위섬(rocks)'로 처리하려는 것이다. 정기적으로 해양탐사선을 독도 해역에 보내는 것도 같은 의도이다. 대한민국 독도가 배타적 경제수역을 가지고 있다는 사실을 인정하지 못하겠다는 의미이고, 역으로 독도 해역에 대한 대한민국의 배타적 권리 행사를 방해하려는 의도이다. 돌이켜보면, 일본이 1998년 기존의 한일어업협정을 일방적으로 파기한 이유도 배타적 경제수역 때문인 것으로 보인다. 결과적으로, 새로 체결된 신한일어업협정에서 한국은 독도의 법적 지위를 확보하지 못했고 배타적 경제수역에 관한 문제는 고려조차 하지 못한 채 중간수역이라는 개념에 동의하고 만 것이다. 변명하자면, 당시 아시아 금융위기로 인해 배타적 경제수역과 관련된 새로운 해양규칙을 고려할 수 없었던 상황 때문이었다.

배타적 경제수역(EEZ: The Exclusive Economic Zone)이란, 연안국의 외측에 인접한 기선으로부터 200해리까지 미치는 범위의 수역을 말한다. 우리나라와 일본은 연안 해안의 거리가 400해리 이상이 되지 않는다. 따라서 양국의 EEZ가 겹치게 되는데, 독도는 한·일 EEZ 협상에 있어서 중요한 역할을 하게 된다. 그렇다면 EEZ가 중요한 이유는 무엇일까?

유엔해양법협약 제56조 제1항은 EEZ 내의 연안국의 권리를 '주권적 권리', '관할권', 그리고 '기타의 권리'로 구분하여 규정하고 있다. 첫째, '주권적 권리'는 연안국이 EEZ 내의 천연자원을 탐사·개발·보존·관리할 권리 및 해양에서의 에너지 생산 등 해양의 경제적 활용에 관한 권리를 말한다. 둘째, '관할권'은 인공도서와 시설, 그리고 구조물의 설치 및 사용에 관한 권리 및 해양의 과학적 조사에 관한 권리, 그리고 해양환경의 보존과 보호에 관한 권리이다. 마지막으로 '기타의 권리'는 상기의 사항 이외의 협약상 인정된 권리이다. 이러한 연안국의 권리는 해당 국가의 경제적·군사적 이익에 영향을 미치고 있다.

그럼, 이에 따라 독도와 독도 해역의 EEZ가 갖는 경제적·군사적 전략가치를 살펴보자.

1) 경제적 전략가치

경제적 측면에서 독도와 독도 해역의 EEZ는 해상과 하층토 및 상부수역에 있는 생물 및 비생물 자원에 관한 탐사·개발·보존 및 관리를 위한

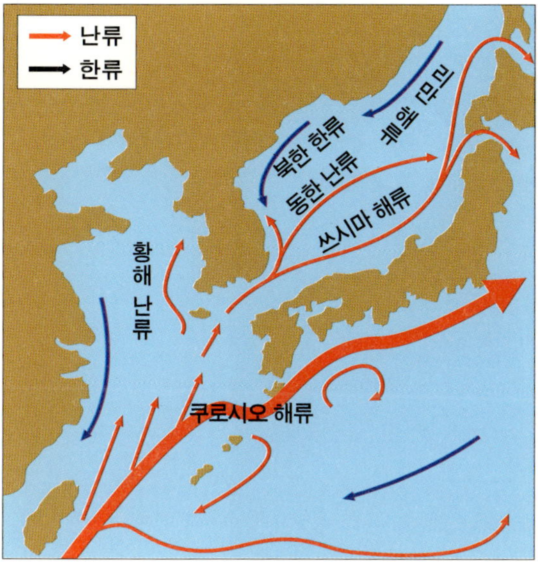

그림 30 동해 바다의 해류 흐름[130]

주권적 권리를 갖는다. 생물자원에 관해서 연안국의 권한은 배타적이라기보다는 우선적인 성격을 띤다. 연안국은 총 허용 어획량과 자국의 어획능력을 결정하며 그 외의 잉여 허용 어획량에 대해서는 타국의 입어를 허용해야 한다고 규정되어 있다. 또한 연안국은 비생물 자원에 대해 배타적 권한을 갖는다. 비생물 자원이라 함은, 석유, 천연가스 등의 액체 및 기체 상태의 각종 고형광물들이 포함된다. 즉, 연안국은 EEZ 해역의 지하자원을 개발할 권리를 갖게 된다.

구체적으로 독도와 독도 해역의 EEZ는 다음과 같은 가치들이 있다.

첫째, 독도 인근 해역은 〈그림 30〉에서와 같이 북쪽에서 내려오는 북한 해류와 남쪽에서 북상하는 대만 난류계의 흐름들(황해 난류, 동한 난류, 쿠

130 PARADISE LOST(http://cafe.daum.net/monk-at-eden), 2014년 4월 15일 검색, http://cafe.daum.net/monk-at-eden/jEen/9?docid=1LWf8|jEen|9|20120704142219&srchid=IIMxjmCY500#A1922894D4FF3D19A0A1837&srchid=IIMxjmCY500.

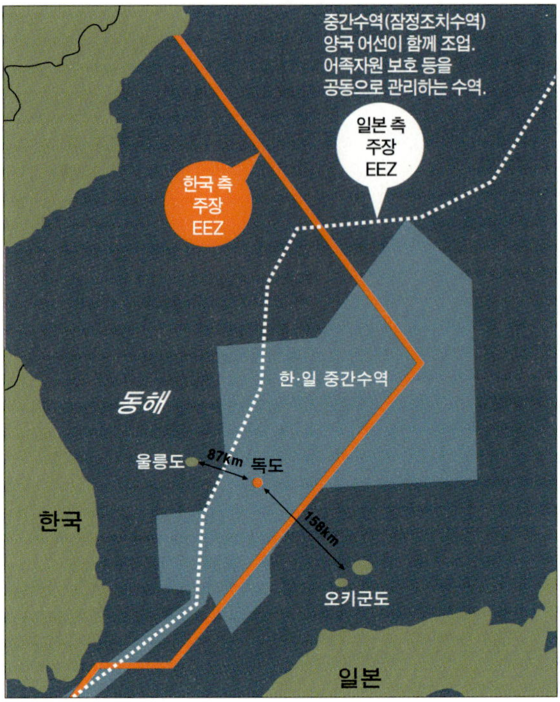

그림 31 한·일 양국이 주장하는 EEZ 경계선[131]

로시오 해류)이 교차하는 해역으로, 플랑크톤이 풍부하여 회유성 어족이 풍부하기 때문에 좋은 어장을 형성한다. 어민들의 주요 수입원이 되는 회유성 어족인 연어, 송어, 대구를 비롯해 명태, 꽁치, 오징어, 상어가 주종을 이루고 있다. 또한 해저 암초에는 다시마, 미역, 소라, 전복 등의 해양 동물과 해조류들이 풍성히 자라고 있어 어민들의 주요 수입원이 될 수 있다.

앞서 보았듯이, EEZ 내에서 연안국은 생물자원에 대해 우선적 권리를 갖는다. 즉, 독도를 차지한 연안국은 독도 인근 해역에 대한 총 허용 어획량과 자국의 어획능력을 결정하고, 어획능력 범위 안에서 우선적으로 어

131 「조선일보」, 2012년 8월 18일자.

업 활동을 할 권리를 갖는다. 이 부분이 바로 어업자원 측면에서의 경제적 이익을 얻을 수 있는 측면이다. 일본이 독도 영유권을 주장하게 된 것은 1904년 2월 러일전쟁 후에 '나카이'라는 일본 어업가가 독도의 물개잡이 독점권을 독도 소유권자인 대한제국 황제에게 신청한 데서 비롯되었다. 당시 일본 정부는 독도가 한국 소유 땅임을 알면서도 '무주지'라고 전제하며 1905년 1월 28일에 독도를 일본 영토에 무단 편입시켰다. 또 최근에는 1998년 11월 28일의 신한일어업협정(新韓日漁業協定)을 통해 〈그림 31〉에서와 같이 독도를 포함해 자신들에게 유리한 EEZ 경계선을 주장하고 있다.

둘째, 독도 주변에는 천연 가스층이 있어, 메탄의 주성분인 천연가스가 고체화된 메탄 하이드레이트가 매장되어 있다. 석유자원과 비교해 환경 파괴가 적은 이 훌륭한 에너지 자원은 전 세계에 약 10조 톤이 매장되어 있다고 추정되는 와중에, 동해에 약 6억 톤 가량이 매장되어 있는 것으로 알려졌다. 이는 한국과 일본, 양국이 30년 동안 쓸 수 있을 정도로 어마어마한 양이면서 질적으로 뛰어나, 석유보다 100~200배의 에너지 가치를 가지고 있는 것으로 보인다. 또한 메탄 하이드레이트는 주변에 석유가 매장되어 있음을 알려 주는 지시자원으로, 독도 주변 해역의 석유 매장 가능성이 높을 것으로 추정하고 있다. 한국과 일본 양국 모두 에너지 자원이 거의 없기 때문에 에너지의 해외 의존도가 상당히 높고, 에너지 공급 구조가 매우 취약하다. 한국의 경우, 각각의 에너지원을 비교해 보면 석유, 석탄, 천연가스의 모두가 해외 의존도 90%를 초과하고 있으며, 그중 에너지 공급의 상당 부분을 차지하는 석유는 거의 전량을 수입에 의존하고 있다. 일본의 경우, 자급 에너지의 태반은 원자력이며, 1차 에너지 공급에서 차지하는 비율은 16.1%로 되어 있었으나, 2011년 3월 11일 후쿠시마 원전 사고 이후 일본의 54개의 원자력 발전소 중 단 2개만 가

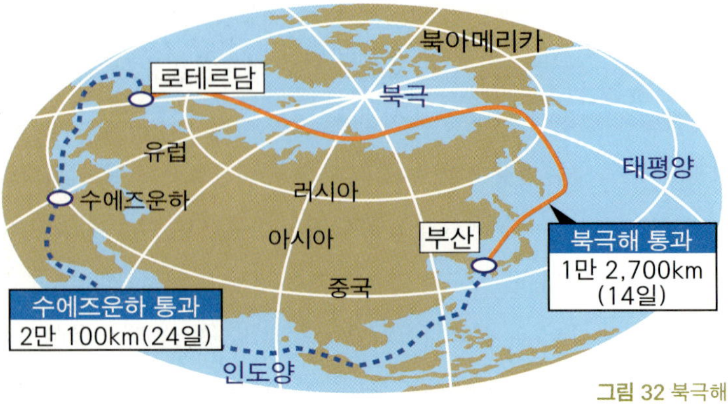

그림 32 북극해 항로[132]

동이 되고 있다. 원자력 발전소를 대체할 화석 연료가 없는 일본으로서는 고가의 석유와 액화 천연가스의 수입에 점점 더 많이 의존해야 하는 실정이다. 2011년의 원전 사고가 발생하기 이전에 일본의 원자력 발전소를 대적할 만한 나라로는 미국과 프랑스밖에 없었으며, 당시 일본 정부는 2017년까지 전력 공급의 30~40%를, 2030년에는 50%까지 원자력에 의존하기로 계획하고 있었다. 하지만 후쿠시마 원전 사고 이후로 일본의 계획은 전면 수정이 필요하게 되었다.

이러한 상황에서 일본은 신재생 에너지를 확대하기 위한 많은 노력을 하고 있으나 풍력 혹은 태양열 에너지는 원자력 에너지가 이를 충분히 대체하지 못하고 있다. 일본의 입장에서는 수요를 억압하고 에너지 자원의 수입을 계속 늘려 가며 대중에게 원자력 발전의 신뢰를 다시 되찾는 수밖에 없다. 이러한 상황에서 독도 해역의 메탄 하이드레이트는 놓치기 아까운 유혹인 것이다.

132 노정현, "부산항, 새 물류 길 북극항로 허브 노려라", 「부산일보」, 2009년 10월 13일자, http://news.naver.com/main/read.nhn?mode=LSD&mid=sec&sid1=101&oid=082&aid=0000233226.

셋째, 북극해 항로 개통이 준비되고 있다는 점이다. 한국의 부산항 주변으로 울릉도와 독도가 맡게 될 중간 기착지 역할은 한국에 경제적 이익 증대를 가져오기 때문에 일본의 요코하마항의 가치가 상대적으로 떨어질 염려가 있다. 그래서 일본은 독도를 분쟁 지역화해서 부산항의 북극해로 이용 가능성을 떨어뜨리고 요코하마항 중심의 물류체계를 만들 의도이다. 지구온난화로 인하여 2030년에는 북극의 얼음이 전부 녹아내리면서 〈그림 32〉와 같이 유럽과 동북아시아를 잇는 북극해가 완전히 뚫리게 될 것이라고 전망되고 있다. 유럽과 동북아시아를 잇는 기존 경로는 길이가 2만km 이상으로 배가 약 24일을 쉬지 않고 가야 하는 거리이다. 북극해를 통해 새로 개척될 해로는 1만 2천km 정도며, 이를 이용하면 배로 약 14일 만에 이동할 수 있게 된다. 즉 북극해 항로가 열리면 유럽 지역과의 해상 교류 속도가 한층 더 빨라지며, 유럽에서 독도로 들어오는 길이 열리게 된다(〈표 4〉 참조).

표 4_부산항-로테르담항 간 선박 운항의 예상 단축 거리와 시간

구분	수에즈 운하 통과	북극해 통과	단축률
거리	2만 100km	1만 2,700km	40%
시간	약 24일	약 14일	45%

표 5_아시아-유럽 간 항로 거리 비교

구분	인도양 항로 통과	북극해 통과	단축률
로테르담-요코하마	2만 630km	1만 3,523km	35%
로테르담-상하이	1만 9,371km	1만 4,875km	23%

이렇듯 현재 동북아 해상물류 거점 전쟁이 상하이와 부산, 그리고 요코하마 사이에 이뤄지고 있는 상황에서 북극해가 뚫리면 부산의 상대적 이

용 가치가 증가할 것임이 불 보듯 뻔하다. 이는 요코하마항뿐 아니라 일본 전체에 큰 위협으로 다가올 것임이 분명하다. 이러한 문제를 해결하기 위해 일본은 계속해서 독도의 영유권을 주장함으로써 독도를 분쟁 지역화해서 독도 주변 바다를 거쳐야 하는 물류선들이 동해를 통해 부산항으로 향하는 것보다 요코하마항을 더 선호하게 만들려는 것이며, 이로써 경제적 이익을 추출해 내려는 의도를 가지고 분쟁을 만드는 것이다. 즉 독도가 세계 물류와 문화의 교류 거점으로서 발전한 가능성을 독도의 분쟁 지역화를 통해 제약하면서 동시에 자국의 이익을 도모하며, 운이 좋으면 독도를 소유하려는 심산이다.

2) 군사적 전략가치

유엔해양법협약 제56조 제1항 (b)에 의하면, EEZ 내에서 연안국은 협약의 관련 규정에 따라 인공도서, 시설 및 구조물 설치와 사용에 관한 관할권을 갖는다고 명시되어 있다. 이는 EEZ 내에 레이더 기지나 관측소 등을 설치할 수 있음을 의미한다. 레이더 기지나 관측소를 설치하면 주변 국가들의 군사적 움직임을 좀 더 쉽게 파악할 수 있으며 유사시에는 군사적 대피 기지, 긴급 구조 기지, 유도기지 등으로 활용할 수 있다. EEZ는 해양뿐 아니라 상공에서도 중요한 군사적 의미를 갖는다. 유엔해양법협약 제58조 제1항에는 모든 국가는 연안국의 EEZ 내에서 상공 비행의 자유를 갖는다고 명시되어 있다. 그러나 대부분의 경우, 연안국 EEZ의 상공은 연안국의 방공식별구역(ADIZ)이 설정되는 것이 보통이다. ADIZ의 범위는 기선에서 200해리의 구역과 반드시 일치하는 것은 아니나, 대체로 EEZ의 상공의 범위를 망라하고 있다. 따라서 군용항공기의 상공 비행은 ADIZ 내에서 연안국의 통제를 받게 된다. 이는 연안국이 주변 국가들의 군용항공기의 이동을 식별·통제할 수 있음을 의미한다.

이러한 EEZ의 권리들을 독도에 적용시키면 중요한 전략적 효과를 확인할 수 있다. 그럼, 이제 독도가 지닌 군사적 전략가치를 살펴보자.

일본은 이미 해양의 중요성을 한국이나 중국보다 앞서 인식하여 19세기 말부터 무인도 편입에 박차를 가했다. 특히 태평양 서부 연안에서 남태평양에 이르는 제도들을 개척하여 광대한 해양영토를 확보하였다. 그 결과, 〈표 6〉에 보이듯 현재 일본의 200해리 관할수역 면적은 내륙영토 면적의 10배가 넘는다.

표 6_한·중·일 각국의 영토 및 관할수역 면적

국가	영토 면적(km^2)	EEZ 포함 관할수역 면적(km^2)	영토 면적 대비 관할수역 면적
한국	99,500	348,478	3.5배
중국	9,600,000	1,355,800	0.14배
일본	370,370	3,862,000	10.4배

일본은 해양영토 개척을 통해 해양제국주의(Maritime Imperialism) 시대를 열었다. 비록 일본이 태평양 전쟁에 패배하여 경제대국으로 방향을 전환하였지만, 여전히 팽창 욕구를 버리지 못했다. 현재 편의상 미국에 의지해서 아시아에 편입하려 노력하지만 내심 아시아 맹주의 자리를 탈환하고 싶을 것이다. 강효백 교수(경희대 국제법무대학원)의 말처럼 '일본의 제국주의 침략 형태는 큰 것보다 우선 작은 것을 차지하고, 정치·군사적 지배보다 우선 경제와 무역을 장악하고, 대륙의 얼굴이나 심장부보다는 복부와 옆구리를 공격하여 조금씩 힘을 빼앗는 특성을 띠고 있다'면, 지금 일본의 독도에 대한 집착은 제국주의 부활을 위한 전초전의 일환이라고 볼 수 있다.

일본의 신(新)방위전략을 보면 그 의도가 잘 드러난다. 일본은 미일동맹과 전수방위전략의 기존 틀을 유지하면서 단기적으로 북한의 미사일 등의 안보 위협에 대비하는 한편, 장기적으로는 중국에 대한 군사적 억제 능력을 구비한다는 명목으로 군사력을 증강해 왔다. 미일동맹에서 수행해 왔던 후방지원 역할을 작전 보완의 역할로 수정 및 발전시킨 것이다. 이는 중국의 부상에 따른 위협 인식이 현실화되었기에, 제2차 세계대전 이후 미국이 주도하던 동아시아 질서에서 일본의 역할을 재정립하려는 것이다. 따라서 일본은 미국에 대한 의존도를 낮추면서 독자적인 방어능력을 갖추려는 것이다. 〈표 7〉과 〈표 8〉은 이와 같은 전략의 변화를 보여준다.

표 7_일본의 군사전략의 변화

일본의 군사전략		소요 군사력
전수방위 전략		자력+미일안보
억지 전략	거부적 억지	자력+미일안보+미사일 방어
	보복적 억지	자력+미일안보+미사일 방어+적 기지 공격 능력
선제 공격 전략	선제 타격(preemptive strike)	자력+미일안보+미사일 방어+적 기지 공격 능력
	예방적 타격(preventive strike) (*예방적 선제 공격은 부인)	자력+미일안보+미사일 방어+적 기지 공격 능력

표 8_일본의 전수방위 개념의 변화

구분	전수방위 개념
하토야마 수상 (1956)	유도탄 공격이 있을 경우, 유도탄 기지를 공격할 수 있음
다나카 수상 (1972)	방위상의 필요에서 상대기지를 공격하지 않고 오직 국토 및 주변에서만 방위를 하는 것
기무라 장관 (1981)	무력 공격을 받았을 때 비로소 방위력을 행사하고 그 행사방법에 있어서도 자위를 위한 필요, 최소한도로 제한하고, 보유하는 방위력도 필요 최소한으로 한정

그림 33 일본의 방어노선

일본의 독도 전략도 이 같은 전략의 연장선상에 있다. 독도의 입지 조건을 보면 다양한 군사전략적 가치를 가진다. 철저한 경제 논리로 국제관계에 임하는 일본이 독도를 자국의 영토로 편입하기 위해 투자하는 자금을 지속적으로 확대하고 있는 것은 그만큼 독도와 독도 해역이 전략적 가치가 크다는 방증이다. 일본의 입장에서 독도는 내륙영토까지 세력을 확장할 수 있는 전진기지이자 생명선이다. 독도가 일본에 편입된다면 동해가 일본의 자국 호수가 될 것이고, 이를 군사전략적 기지로 활용할 수 있어서, 독도는 유라시아 대륙으로의 진출로 역할을 할 것이다. 과거 일본이 주장했던 정한론에서 한반도를 회랑으로 삼으려 했던 경험을 상기하면, 독도는 일본의 대륙 진출의 또 하나의 해양 회랑이 될 수 있다.

일본의 외교청서는 1996년 이래로 매년 독도에 대한 영유권을 주장했고, 정치적 발언들도 지속적으로 이어졌다. 아베 정부가 등장한 이후에는 노골적이고 공격적으로 영유권을 주장하고 있다. 초·중·고교 교과서에까지 일본의 독도 영유권 기재를 압박하는 것은 일본의 절박함을 알게 하는 대목이다.

일본이 독도의 군사적 가치를 인식한 것은 러일전쟁 시기였다. 당시에 러시아 해군을 물리치는 데 있어서 독도가 결정적 역할을 하였다. 일본은 울릉도와 독도 근해에 종합시설 계획을 세우고 독도에는 망루를 설치했다. 이에 따라 한반도의 죽변, 울릉도, 독도, 마쓰에 간에 군용 통신선 체계를 만들어 전략적으로 이용할 수 있었고, 이듬해 1905년 5월에 있었던 동해해전에서 러시아 발틱함대에 맞서 대승을 거두게 된 것이다. 러일전쟁은 해양세력인 일본과 대륙세력인 러시아의 충돌이었고, 이를 통해 독도의 지정학적·군사적 가치가 충분히 입증되었다.

일본이 독도에 집착하는 또 다른 전략적 이유는 중국의 동해 진출과 러시아의 동진이다. 중국은 21세기 들어 막강해진 경제력을 바탕으로 해양대국화를 추진하면서 수동적이고 방어적이던 대외정책을 적극적 공격 정책으로 바꾸고 있다. 특히 중국은 최근 북한의 나진항에 대해 50년 동안 조차하는 조약을 체결하였는데, 이는 사실상 영구 조차라 할 수 있는 기한 자동 연장 계약식의 조약을 체결한 것이다. 이를 통해 중국은 동해 출로와 어업권을 동시에 확보하였다. 이는 중장기적으로 중국의 군함이 동해에 진출할 수 있게 하는 중장기적 동선(動線)이 될 것임을 의미하며, 나진에서 상해나 천진에 이르는 항로가 상용화되면 동해가 중국의 내해가 될 수 있음을 뜻한다. 이러한 중국의 행위에 위협을 느낀 일본은 중국의 해양 진출에 대비할 수 있는 방어노선을 확보할 필요성을 절감하게 된 것이다.

이를 위해 일본은 독도를 군사전략적 기지로 활용하려는 것이다. 일본의 오키 섬과 독도 주변의 해산(안용복 해산, 심흥택 해산, 이사부 해산)을 연결하여 개발하면 거대한 규모의 해상기지를 건설할 수 있다. 뿐만 아니라 독도를 정보기지로 활용한다면 발달한 통신기술에 힘입어 한국뿐 아니라 중국, 북한, 러시아의 동태에 관한 군사적 정보를 빠르게 얻을 수 있을 것이고, 유사시에는 군사적 대피 기지, 긴급 구조 기지, 유도기지 등으로도 유용하다. 무엇보다도 울릉도와 독도 사이의 특이한 소용돌이 현

그림 34 동해 바다의 소용돌이 현상

상은 잠수함의 위치 파악을 어렵게 하여서 이곳에서 군용 잠수함이 전략적으로 활동하기에 좋다(〈그림 34〉 참조). 따라서 일본으로서는 독도가 일본의 최신식 잠수함의 정박기지, 유도기지로 활용한다면 큰 시너지 효과를 낼 수 있는 군사전략적 가치를 지닌 곳이다.

독도가 가진 또 다른 전략적 가치는 독도로 연결되는 해상교통로에 있다. 한국의 동해안 교통로는 말라카 해협과 연결되어 있어, 독도는 그 연결로의 결절점(nodal point)이 된다. 말라카 해협을 경유하는 해로는 전 세계 교역량의 거의 절반을 차지하고 있으며, 일본과 중국의 에너지 화물의 80%가 이동하는 중요한 해양 수송로이다(〈그림 35〉 참조). 만약 일본이 독도를 가지게 되면, 일본은 주변 국가, 특히 동북아 주변 국가와 무력마찰이 발생할 경우에 자국이 적으로 간주한 국가가 식량과 물자를 조달하는 것을 효과적으로 통제할 수 있는 길목을 장악하는 것이 된다. 이러한 해상교통로를 확보한다면 대륙과 가장 가까이 위치해 있는 한국에 대한 접근성 또한 좋아져서 대륙세력의 해양 진출을 효과적으로 막고, 관리 및 통제할 수 있게 된다. 즉 타국을 군사적으로 관리하고 압박을 주기 위해서는 속도감과 거리감이 중요한데, 이러한 이점을 확보하는 데 독도 근

그림 35 독도 근해의 석유 수송로

해의 교통로는 중요한 역할을 한다는 것이다. 따라서 해양세력 일본의 입장에서 독도는 생명선이자 숨통인 것이다.

제12장
유사 해양영토 분쟁의 사례: 조어도 분쟁

독도 문제와 유사한 성격을 가진 해양영토 분쟁의 사례는 중국과 일본 간에 진행되고 있는 조어도 분쟁이다. 조어도(釣魚島, 尖閣列島)[133]는 5개의 작은 섬과 3개의 암초로 구성되어 있으며, 대만 동북쪽으로 190km, 중국 본토에서 350km, 일본 오키나와에서 480km 떨어져 있는 곳에 위치하고 있다. 지리상 중동-인도양-말라카 해협-동중국해-일본열도로 이어지는 해상교통로의 길목에 위치하고 있어, 일본 석유 수송로의 요충지이다. 조어도 문제가 촉발된 계기는 1968년에 아시아 근해 지역 광물자원 공동탐사 조정위원회(CCOP)에 의해 실시된, 황해 및 동중국해 일대에 대한 해양탐사이다. 당시 유엔아시아태평양 경제사회위원회(ESCAP: Economic and social Commission of Asia and Pacific)의 전신인 극동경제위원회(ECAFE: Economic Commission For Asia and the Far East)의 후원으로 결성(1966)된 CCOP는 미국 해군의 지원하에 아시아 지역 해역에 대한 지질 조사에 착수했다. 그리고 상관해역에 석유, 천연가스, 구리, 알루미늄, 주석 등 풍부한 천연자원이 매장되어 있다고 발표했다. 이로 인해 중·일은 동중국해의 경제적 가치를 확인하게 되었고, 해당 해역

133 각주 41번 참조.

에 위치한 조어도의 중요성을 재인식하게 되었다.

중·일 간의 조어도 분쟁은 표면상으로는 역사 문제나 민족 감정 문제로 갈등하는 것처럼 보이지만 실제로는 경제·안보 전략상의 문제이다. 2008년 베이징 올림픽을 기점으로 중·일 양자 간에는 정치·경제 협력이 역사상 유례가 없을 정도로 수준 높게 진행되어 왔다. 그럼에도 불구하고 양자 간에 있어 거리가 좁혀지지 않는 문제가 바로 해양영토 문제이다. 덩샤오핑의 말처럼 영토 문제는 자식대 아니면 손자대에 풀어도 늦지 않은 문제일 수도 있지만, 영토의 귀속 문제와는 별개로 구체적이고 실제적인 이익 문제에서는 양자 모두가 다급한 상황이다. 일본의 입장에서는 현재 중·일 간 분쟁의 접점이 되고 있는 조어도, 충지조도, 동중국해 해역에서 중국이 대규모의 유전 탐사 및 개발을 진행하고 있으며, 이미 생산을 시작한 해역도 있기 때문에 조급하다. 중국의 입장에서는 일본이 조어도를 실효 지배하고 있는 상황에서 미·일의 전략 중심이 오키나와 해역으로 이동하고 있고, 미군이 군사시설들을 조어도 주변 해역에 배치하고 있기 때문에 강한 압박을 느끼고 있다.[134] 그래서 일본의 실효 지배가 계속되고 있는 현재의 상태를 방치할 수 없다. 최근 중국의 선박이 과학적 탐사를 명분으로 조어도 해역에 접근하거나 중국과 대만의 어부들이 조어도 상륙을 시도하는 사례가 잦아지고 있는 것은 바로 그 때문이다.

중국, 대만의 민간인과 일본 해상자위대 사이에 몇 차례 충돌이 발생한 후, 중·일 양국은 조어도 분쟁 해결을 위한 대화기제를 만들었다. 그러나 최근 몇 년 동안 정기적인 회합을 지속하였음에도 불구하고 양국은 이견을 좁히지 못하고 서로 입장을 확인하는 수준에서 맴돌고 있다. 이유는

134 부근해역에는 미·일이 반잠수함기지 건설을 계획하고 있는 하지도(下地島)를 비롯한 군사기지가 위치하고 있다(「國際先驅導報」, 2005년 2월 25일~3월 3일자).

양국의 영유권 주장이 전혀 다른 근거에서 출발하기 때문이다. 조어도에 대한 영유권의 근거로 일본은 '무주지 선점론'을 주장하는 반면, 중국은 발견과 유효 점유에 근거한 '역사주권론'을 주장하고 있다. 문제의 핵심은 '무주지 선점론'을 주장하는 일본이 해당 지역을 실효 지배하고 있다는 사실이다.

중국은 역사주권론에 근거하여 최초 발견, 관할권, 명칭 등과 관련된 역사적 사료들을 근거자료로 준비하고 있지만, 국제법 판례상 '지도의 증명력'에 대한 부정적인 견해 등의 난관에 직면하고 있으며, 중국과 유구의 관계, 유구와 조어도의 관계, 중국의 조어도 이용에 대한 자료들도 일본이 무주지였다고 주장하는 시기와 관련해서는 관할 기록이나 증거가 부족한 형편이다.

1. 분쟁의 기원

조어도 문제의 발단은 일본의 유구 병합에서 시작된다. 1871년, 유구를 병합한 메이지 정부는 유구번을 폐지하고 메이지 정부 직할의 오키나와현으로 바꾸었다. 그리고 1885년, 오키나와현에 "오키나와와 푸조우에 산재한 무인도를 조사하라."라는 내부명령을 하달하고 국가 표지를 세우게 했다. 그해 9월 22일, 오키나와현은 「구미적도 외 2개 도서 조사 보고(久米赤島外二島調査報告)」 문서를 작성하였는데, 그 내용 가운데 조어도, 황미도, 적미도의 형세가 『중산전신록(中山传信录)』의 내용과 부합하는 부분이 있는 것으로 나타났다. 일본의 주장에 따르면, 오키나와현 편입 후 일본 정부는 오키나와현 당국을 통해 '첨각열도'를 수차례 조사하였고, 청국의 어떠한 관할 흔적도 없었음을 확인했다고 한다. 그리고 그 결과를 토대로 일본 정부는 '첨각열도 영유권에 관한 기본입장'을 채택하였고, 1895년 1월 14일에 내각회의에서 조어도에 항해 표지를 세우기로 결정하고, 정식으로 일본 영토에 편입시켰다고 주장한다.[135]

그 후 일본은 1895년 청일전쟁의 결과로 체결된 청일강화조약(馬關條約, 下關條約)에 따라 대만과 평후 열도까지 할양받게 되는데, 이 시점에서 보면 일본은 조어도 영유권과 관련하여 두 가지 근거를 제시할 수 있다. 하나는 '무주지 선점'에 따른 영토 변경이고, 또 하나는 '할양'에 따른 영토 변경이다.

2. 분쟁의 진행과 상황

양국 간 분쟁은 크게 두 시기로 나누어 볼 수 있다. 먼저 1970년대(1970, 1978)에 발생한 분쟁이다. 이때는 오키나와 반환 협정, 중·일 외교관계 수립 등에 따른 영유권 문제가 논쟁의 핵심이었는데, 당시 양국은 문제를 보류한다는 데 합의했다. 그리고 다른 시기의 분쟁은 1990년대의 영토 분쟁이다. 이는 중국의 경제발전에 따른 중국 위협론이 원인으로 작용했기 때문에 정치적·전략적 의미가 짙다. 1997년 3월 25일, 일본의 사쿠마 마코토(佐久間一) 전 통합막료회의의장의 발언은 이러한 일본의 입장을 잘 보여 준다.[136] 최근 양국 간에 발생하고 있는 충돌은 1990년대 분

135 村田忠禧, "尖阁列岛/钓鱼岛争议", 『百年潮』, 2004年, 第6期, p. 60.; 이정태, "중·일 해양영토 분쟁과 중국의 대응", 『대한정치학회보』, 제13집 2호(2005), pp. 160~161 참조.

136 사쿠마 마코토(佐久間一)는 국회안전보장위원회에서 "중국이 국력 증강을 목표로 삼고 1992년에는 인민해방군의 임무에 해양 권익 보호 조항을 부가하고 해양법을 제정했다. 이러한 상황으로 미루어 중국의 목표는 해양 진출이다. 그리고 중국의 군사 역량에 대한 평가는 분분한데, 미국의 경우 자체의 역량이 강하기 때문에 중국을 과소평가하고 있지만 실제로

쟁의 연장선상에 있으며, 자원 문제, 정치·전략적 문제 등이 얽혀 첨예한 대립 양상을 보여 주고 있다.

중·일 양국 간 충돌이 빚은 최근의 핵심 사건들을 정리하면 다음과 같다.

1) 대만 어선 연합호 침몰 사건

2008년 6월 10일 새벽 2시, 대만 어선 '연합호(聯合號)'가 조어도 부근 해역에서 일본 순시선과 충돌하여 침몰하는 사고가 발생했다.[137] 사고 발생 지점은 조어도 동남방 6해리 해역(북위 25′39″, 동경 123′28″)으로, 분쟁이 되고 있던 조어도 해역이었다. 사고 발생 직후, 일본 순시선에서는 물에 빠진 연합호 승선자 16명을 구출하여 억류하다가 '어민은 대만으로 돌려보낸다'라는 원칙에 따라 처리했다.

사고가 발생하자 당사국 양국에서는 다양한 반응이 나타났다. 중국 측은 일본 해상보안청 선박이 중국 어선을 들이받아 침몰시킨 데 대해 강한 불만을 표시했다. 대만 당국은 증거 수집을 위해 해양순시선을 조어도 해역에 파견하고 외교부의 협조를 요청했다. 타이페이현 현장(縣長)은 충돌 사건에 대해 일본의 사과를 요구했다. 어선의 선원들은 일본 측이 고의로 충돌했다고 주장하였고, 대만 민중은 충돌 사건에 대해 일본에 항의하고 일본이 조어도에서 떠날 것을 요구했다.

사고 발생 후, 대만은 순시선인 타이중선(台中艦), 허싱선(和星艦)을 파견하여 사고 해역에 대한 조사를 진행하면서 다음과 같은 조치들을 취했다. 첫째, 대만 입법원(立法院)의 관계위원이 그달 12일 오후에 정식으로 국방부에 통보하고, 입법원 부원장 증용췐(曾永權) 일행이 그달 18

주변 국가들은 중국의 군사력에 위협을 느낀다."라는 내용의 중국 위협론을 언급하고 조어도(첨각열도) 문제에서 중국의 군사적 위협을 우려했다.

137 http://www.sina.com.cn 2008년 6월 10일자 11:55.「中国新闻网」.

일에 군함을 타고 조어도에 가서 '주권 수호' 결심을 선포할 것이라고 발표했다. 둘째, 국방부 대변인 츠위란(池玉兰)은 국방부가 정식문서를 받게 되면 규정에 의거하여 합당한 조치를 취할 것이라고 밝혔다. 셋째, 국민당 입법위원 솨이화민(帅化民)은 일본에 대해 배상을 요구하는 소송을 제기하고, 반드시 이겨야 한다고 말했다. 넷째, 그달 18일에 '입법원외교국방위원회' 위원들이 군함을 타고 가서 조어도 주권 선언을 할 것이라 밝히고, 증용췐(曾永權) 일행도 동행하기를 청하자 바로 그 자리에서 승낙했다. 다섯째, 입법위원 리칭화(李庆华)는 휴대폰으로 촬영된 영상에서 당시의 연합호가 일본 순시선과 충돌하여 좌초되는 장면들을 공개했다. 또한 일본 순시선이 고의로 어선에 부딪쳤고, 선장 허홍이(何鸿义)의 말을 빌려, 연합호가 GPS의 지시대로 직행하고 있었는데, 일본 순시선이 우측 후미를 들이받았다고 하면서, 이것은 분명한 고의이고 경고의 의미라고 주장했다. 당시 낚시승객이 휴대폰으로 상황을 찍어 상황을 전달한 것으로 알려졌는데, 일본 순시선의 충돌로 손상된 배의 측면부와 16명의 낚시꾼이 대피하는 모습들이 촬영되었다.

일본은 대만 어선의 영해 침범과 대만 당국의 조어도 보호 선포를 고발했다. 사고 발생 직후, 일본 언론은 다음과 같이 정황을 보도했다.[138] 일본 해상보안청 제10관리구역의 순시선이 당시 사고 해역을 순시하던 중 대만 어선을 발견했다. 어선을 향해 돌아가라고 경고하자 어선이 엉뚱한 방향으로 도주하기 시작했다. 이에 순시선은 우측에서 추격하기 시작했는데, 그때 중국 어선이 우측으로 방향을 틀었기 때문에 일본 순시선과 충돌하면서 갑판 위의 사람들이 물에 빠졌다. 일본 순시선은 중국 어선에 비해 몸체가 컸기 때문에 별다른 피해는 없었으며 페인트칠이 벗겨진 정도였

138 「每日新闻(매일신문)」, 2008년 6월 12일자.

다. 어선의 사람들이 물에 빠진 것을 발견한 후 일본 순시선이 구명부의를 내려 그들을 구제했고, 어선에 탔던 16명을 모두 일본 해상보안청 제11관리구에 억류했다. 어선의 선장이 상처를 입었고 나머지는 안전했다.

일본은 사고 정황에 대해 보도하면서 '중국이 조어도 주권을 일관되게 주장하고 있지만, 이번 대만 어선 사고와 정치활동은 무관하다'는 내용의 논평을 실었다. 사고 직후 중국은 적극적인 대응을 보이지 않았다. 중국 외교부 대변인 류젠차오(刘建超)의 기자회견이 있었는데(2008년 7월), 조어도 문제와 관련한 질문에서 중국은 원칙론을 반복하는 데 그쳤다. 그는 회견 자리에서 "조어도와 그 부속도서는 자고로 중국의 고유영토이다. 중국이 주권을 가지고 있다는 점에 대해서는 논쟁의 여지가 없다. 중·일 양국이 조어도 문제를 둘러싸고 논쟁하고 있는 것은 객관적인 사실이다. 우리는 담판을 통해 이 문제를 해결할 것이다."[139]라고 말했다.

그러나 그해 12월 8일, 중국은 해양감시선을 파견하여 조어도 해역에서 순항 활동을 실시하는 강경수를 두었다. 당시 류젠차오가 기자회견에서 언급한 내용을 보면, 중국의 맞대응 의지가 드러난다.

"중국은 언제든지 조어도에 순시선을 파견할 수 있다. 그것은 중국의 내정 문제이다. 그리고 이 문제는 2008년 12월 13일에 진행될 한·중·일 정상회담에는 영향을 주지 않을 것이다."

이어 중국 해양감시총본부대(海监总队) 상무부총대장 순슈센(孙书贤) 역시 쟁의 해역에 대한 관할권 행사를 강화할 것이라고 밝히며 다음과 같이 말했다.

"국제법상 쟁의 해역에 대해서는 두 가지 관례가 있다. 하나는 유효 관리를 실시하고 있는지의 여부이고, 다른 하나는 역사적 증명에서 실제로

139 http://www.sina.com.cn 2008년 7월 17일자 20:11.「外交部网站」.

우위에 있는지 여부이다. 조어도 해역은 조상 대대로 우리(중국)의 해역이었기 때문에 (역사적 증명 부분에서) 상술할 필요가 없고, 실제 관리를 하고 있는지의 여부에 초점을 맞추어야 한다. 따라서 중국 해양감시대가 관할해역 내에 있는 것은 자신의 존재를 입증하는 데 필수적이고, 유효관리를 충족시키는 것이다."[140]

결과적으로 중국 정부가 2008년 6월에 대만 어선 침몰 사건에 대해서 소극적인 반응을 보였던 것은 올림픽을 앞둔 시점이었기 때문이고, 급한 불이 꺼진 이후에는 맞대응의 원칙에 따라 사건을 처리하고 있음을 볼 수 있다.

일본은 2009년 2월 1일에 중국 해양조사선 2척이 조어도 해역에 진입한 것(2008년 12월)에 대해 '영해 침입'으로 규정하고 해당 지역의 순시선을 2척에서 3척으로 증파했고, 감시를 위해 이시가키(石垣) 기지의 일본 항공자위대 헬리콥터를 파견했다.[141] 그 후 일본은 PLH(Patrol Vessel Large with Helicopter)형 순시함을 조어도 해역에 상주시켰다. PLH형 순시함은 헬기 탑재가 가능하고, 고도의 기동성과 경비 능력을 갖춘 것으로 알려졌다. 일본 정부는 PLH형 순시선을 해당 해역에 파견한 것에 대해 조어 제도의 동남 해역, 서쪽과 주변 해수면의 통로가 좁아서 정규순시선이 사각지대에 진입할 수가 없기 때문에 헬기를 띄워 해당 지역을 감시하기 위함이라고 했다.[142] 중국 해양조사선의 진입을 막으려는 일본의 의도에는 배타적 경제수역의 권리에 포함된 해양탐사에 대한 배타적 권리를 행사하려는 목적도 있다.

140 http://www.sina.com.cn 2008년 12월 10일자 02:08.「新京报」.

141 「환구시보」는 2008년 12월 사건 발생 당시 중국이 파견했던 '해양감시선'을 2009년 2월 4일자 보도에서 '해양조사선'으로 표현하였다. http://www.sina.com.cn 2009년 2월 4일자 19:42.「环球时报」.

142 「产经新闻(산경신문)」, 2009년 2월 4일자.

2) 중국 어선과 일본 순시선 충돌 사건

2010년 9월, 중국 어선과 일본 해상보안청 소속 순시선의 물리적 충돌 사건이 발생했다. 상황은 순식간에 악화되어 정치적 문제로 비화되었고, 양국 간 정냉경열(政冷經熱)의 관계가 정냉경냉(政冷經冷)의 국면으로 전환되었다. 상황 전개는 다음과 같이 이뤄졌다. 조어도 해역에서 조업을 하던 중국 어선 한 척이 일본 해상보안청 소속 순시선의 검색 요구에 불응하고 도주하다가 일본 순시선과 충돌하였다. 충돌 후 일본 측은 중국 어선이 불법으로 자국의 해역을 침범했다는 이유로 해당 중국 어선을 나포하고 그 선장과 선원들을 구금했다. 이에 중국 측은 구금된 선장과 선원을 석방할 것을 요구하고 조어도가 중국의 영토임을 주장하고 나섰다.

일본 당국이 중국의 석방 요구에 불응하고 선장 잔치숭(詹其雄, 41) 씨에 대해 10일간 추가 억류를 결정하자, 중국 정부는 외교적으로 일본과의 대화 사절을 표명하면서 공개적인 대일 비난에 나섰다. 다이빙궈(戴秉國) 국무위원에서 류전민(劉振民) 부장조리에 이르기까지, 여섯 차례에 걸쳐 니와 우이치로(丹羽宇一郎) 주중 일본 대사를 주말 또는 야간에 불러 항의했다. 희토석의 일본 수출 금지를 비롯한 경제 제재가 시행되었고, 민간에서도 반일 감정이 고조되었다.[143] 중국의 유명 건강용품 제조업체인 바오젠(寶健)은 국경절 기간에 1만 명의 직원을 일본에 관광 보내기로 했던 계획을 취소하였고, 중국 국가여유국은 자국민들에게 일본 여행 자제를 요청했다.[144] 일본에 대해 중국 정부의 보복도 이루어졌다. 일본인

143 중국은 자국이 사실상 독점적 지위를 갖고 있는 아이팟과 전기자동차, 미사일 등 각종 전자제품에 필수적인 희토류의 대일 수출을 2010년 9월 21일부터 사실상 중단했다. 세계 희토류 생산량의 97%를 차지하는 중국이 2010년 희토류 수출량을 2009년보다 40% 적은 3만 톤으로 제한해, 최대 수입국인 일본의 입장에서는 중국이 희토류 수출을 중단할 경우 적지 않은 손실이 예상되었다.

144 중국은 이와 함께 일본과 진행 중이던 중국이 동중국해 가스전 개발 협상을 중단하고

4명이 허가 없이 중국 허베이(河北) 성의 군사관리 지역에 들어가 불법적으로 군사시설을 촬영했다는 혐의로 이들을 구금한 것이다. 결국 일본 정부는 백기 투항을 하고 중국인 선장을 귀환시켰다.

일본의 백기투항으로 사건은 중국의 승리로 일단락된 듯 보였다. 그러나 중국은 선장 석방에 만족하지 않고 제2차 공세를 전개했다. 중국 해역에서 조업하고 있는 중국 어선을 일본이 불법 나포했다는 이유를 들어 자국 어선을 나포한 일본 정부를 상대로 배상을 요구한 것이다.

사건은 일파만파 민간으로 확대되어 대규모 민중시위가 일어났다. 양국에서 서로 반일, 반중 감정이 격화되자, 양국 민간에서 물리적 충돌도 발생했다. 중국에서는 일제 차량이 부서지고 일본계 백화점이 공격당했고 일본 상품 불매 운동이 벌어졌다. 일본에서는 극우진영을 중심으로 사람들이 도쿄 중심가에 모여 중국의 반일 시위를 규탄하며 중국이 일본과 다른 아시아 국가를 침략하도록 내버려두지 않겠다고 외쳤다.

사건이 폭력을 수반하는 사태를 불거지게 하기에 이르자, 양국 정부는 수습에 나섰다. 중국 외교부는 "의사 표명은 법에 따라 이성적으로 이루어져야 한다."라고 자국 국민들에게 자제해 달라고 호소했고, 일본 정부도 주중 일본 대사를 통해 중국 정부에 일본인의 안전을 요구하는 한편, 양국 간 대화를 통해 문제를 해결한다는 방침을 밝혔다.[145] 양국 정부의 입장 표시에도 불구하고 시위가 지속되자, 그해 10월 22일에 마에하라 세이지(前原誠司) 일본 외상은 "세계 2위와 3위의 경제대국인 중국과 일본이 앞으로도 전략적 호혜관계를 유지하면서 대국적 견지에서 갈등을 풀자."라고 제안했다. 이에 대해 마자오쉬(馬朝旭) 중국 외교부 대변인이

춘샤오(春曉, 일본명: 시라카바[白樺]) 가스전 독자 개발을 추진하겠다고 밝혔으며, 각료급 교류 중단, 항공노선 증편 협상 중단, 석탄 관련 종합회의 연기 등의 조치를 취했다.

145 「조선일보」, 2010년 10월 18일자.

"중국은 일본과 전략적 호혜관계를 유지하고 추진하기 위해 공동 노력할 것"이라고 화답했다.[146]

양국 정부가 자국 국민들의 감정 진화 작업에 나서자 사건은 진정 국면으로 전환되는 듯하였다. 그러나 ASEAN+3 회의 과정에서 동중국해 가스전 개발 문제와 관련된 일본 언론의 보도를 문제 삼은 중국이 중·일 정상회의를 거부함으로써 양국 간 갈등은 재점화되었다. 진정되던 민간시위가 다시 나타나는 가운데, 중국은 2010년 11월 13~14일에 일본 요코하마에서 개최된 APEC 정상회의에 앞서 열린 APEC 재무장관회의에 불참했다. 상황은 전환되어 중국이 갑(甲), 일본이 을(乙)인 게임으로 전개되었다.

그런데 그해 11월 6일에 중국 선박과 일본 선박이 충돌하는 동영상이 인터넷을 통해 공개되었고, 일본에서는 석방한 선장을 다시 구금하라고 요구하면서 대규모 반중 시위가 열렸다. 동영상 공개 이후, 갑을의 관계는 바뀌었다. 중국에서는 반일 시위가 열리지 않았고, 대신 외교부에서 "일본 측이 중국 어선의 항로를 방해하고 포위해 나포한 것 자체가 불법 행위라는 종전의 입장을 재천명한다."라고 공식 입장을 반복했다.[147]

3) 일본의 조어도 국유화 시도와 중·일 충돌

이 같은 중·일 충돌은 이시하라 신타로(石原慎太郎) 도쿄 지사의 센카쿠 열도 구입 추진에서 시작되었다. 이시하라 지사는 워싱턴 방문 시 "작년 말부터 센카쿠 구입에 관해 소유자들과 합의를 끝냈다. 연내 정식 계약이 이루어질 것이다."라고 언급했다(2012년 4월 16일).[148] 그 후 일본은 도

146 「조선일보」, 2010년 10월 25일자.

147 배포된 동영상을 보면, 중국의 어선이 일본 순시선에 고의로 충돌한 것으로 보인다(「조선일보」, 2010년 11월 8일자).

148 조어도 군도의 5개 섬 가운데 다이쇼지마(大正島, 0.06km^2)는 국유지이고, 나머지는 사

서 구매에 관한 기본적인 협의를 마쳤고(2012년 4월 17일), 마침 도쿄 우에노 동물원에 있던 판다인 싱싱의 임신설이 제기되자, 이시하라 지사는 '센센'이나 '가쿠가쿠'로 이름 지으면 좋겠다고 하여 분란을 일으켰다.[149]

이에 중국은 중국 역사상 최초의 항공모함 시험운항을 대련항에서 실시함으로써 일본을 위협했고(2012년 5월),[150] 궈보슝(郭百雄) 중앙군사위원회 부주석 등 중국 지도부의 일본 방문 일정을 취소했다(2012년 5월). 일본 정부도 대응을 구체화했다. 일본 정부가 조어도를 국유화할 것이라고 천명하고(2012년 7월 7일), 국유화 절차를 진행했다(2012년 7월 24일). 이어 조어도 분쟁을 위해 군사력을 동원할 것이라고 밝혔고(2012년 7월 26일), 조어도 국유화 방침을 통과시킨 후(2012년 9월 10일), 조어도 구매계약서에 서명했다(2012년 9월 11일).

중국의 대응도 구체화되었다. 중국은 일본의 실효 지배를 방해하고 주권 수호를 위한 일련의 조치들을 실행했다. 동중국해 해역에서 최신형 상륙함과 호위함, 구축함, 022스텔스 고속정(중·단거리 미사일 발사 가능)이 참가하는 대규모 해군 실탄 훈련을 실시했다(2012년 7월 10일). 순시선의 조어도 해역 순시 활동도 시작했는데(2012년 7월 11일), 이로 인해 중일 순시선이 조어도 해역에서 대치하는 상황이 전개되었다. 중국 측은 일본 측에 '합법적인 순시 활동'이라면서 '중국 영토에서 떠나 달라'고 요구했다. 또한 중국은 1992년 2월 25일에 선포한 '중화인민공화국영해 및 접속

유지이다. 일본 정부는 중국과의 분쟁을 우려하여 섬 주민들에게 연간 사용료 2,450만 엔(약 3억 5천만 원)을 지급하면서 일반인의 상륙을 불허하고 무인도로 유지하고 있다(「조선일보」, 2012년 4월 18일자). 일본 정부는 이 중 3개 섬(釣魚島, 南小島, 北小島)을 국유화 대상으로 한다고 밝혔다(「조선일보」, 2012년 7월 9일자).

149 「중앙일보」, 2012년 7월 2일자.

150 중국은 '랴오닝'으로 개명된 항공모함 바리야그를 진수하고 5차 시험항해를 성공적으로 마쳤다고 발표하였다(「法制晩報」, 2012년 5월 1일자).

수역법'에 근거하여 조어도 및 기타 부속도서에 대한 영해기선을 선포하였다(2012년 9월 10일). 주권 과시를 위한 군사적 행동으로 중국 해양감시선 46호, 49호를 조어도 외곽 해역에 파견하여 주권 수호 활동을 전개하였다.

이 같은 중국의 대응을 다음과 같이 단계별로 정리할 수 있다. 제1단계는 조어도 및 그 부속도서에 대한 영해기선을 공포(2012년 7월 11일)한 것이다. 제2단계는 두 척의 해양감시선을 파견하고, 조어도 해역의 일기예보를 발표하기 시작(2012년 7월 11일)한 것이다. 제3단계는 인민대표회의 외사위원회와 정치협상회의 외사위원회가 성명을 발표(2012년 7월 11일)한 것이다. 제4단계는 국방부가 개입을 시사, 대응 조치는 보류한다고 표시한 것이다.

한 차례의 공방전이 진행된 후, 중국과 일본은 소강 상태를 유지했다가 일본 정부의 조어도 국유화 조치 발표 이후 양국의 긴장과 갈등이 다시 심화되었다. 일본의 조치를 보면, 일본 외무성이 중국 어업 지도선의 조어도 해역 진입 일주일 후에 중국 대사 청융화(程永華)를 소환해서 강력히 항의했고(2012년 7월 12일), 일본 정부가 방위백서를 발표하여(2012년 7월 31일) 중국의 고압적인 자세, 민족주의, 군부 동향에 대한 우려를 포함한 중국 위협론을 거론했다.

이에 맞서 중국은 홍콩, 대만, 대륙인으로 구성된 민간 조어도 수호 조직이 조어도 상륙을 시도했고(2012년 8월 13일),[151] 중국 정부와 대만 당국이 조어도 상륙을 불허한 가운데 조어도보호행동위원회 활동가 7명이 조어도에 상륙하여 오성홍기를 게양하고 일본과 충돌했다. 그 과정에서 일본 순시선에 협공당한 홍콩 선박이 파손되었으며, 당시 일본은 승선하

151 「環球時報」, 2012년 8월 13일자. 일본은 중국인들의 조어도 상륙 저지 명령을 하달하였다.

고 있던 14명의 홍콩인 전원을 체포하는 사태가 발생했다.[152] 이에 중국은 주중 일본 대사를 소환하여 불법 억류하고 있는 중국인의 무조건 석방을 촉구하였고,[153] 미사일 시험 발사, 핵잠수함 탄도미사일(SLBM 쥐랑-2) 발사 실험을 강행했다. 중국 내에서는 대규모 반일 시위가 발생했다.

일본은 의원, 지방의원 150여 명이 선박 21척을 이용해서 조어도에 도착하였고(2012년 8월 20일), 일·미 합동훈련, 미군 제3해병원정단과 일본의 육상자위대가 조어도를 포함한 도서 방위를 위한 합동훈련(2012년 8월 21일~9월 26일)을 실시한다고 발표했다. 이시하라 도쿄 지사는 조어도 구입을 위한 조사선을 출항시킨다고 발표했다. 이러한 일본의 조치에 대해 중국은 조어도 상륙 시 체포되었던 홍콩 시위대로 하여금 일본 정부를 상대로 불법체포 혐의로 고소하게 하고 손해배상을 청구하기로 했다.[154]

중·일 양국의 갈등이 심화되자 미 국무장관 힐러리 클린턴이 중국을 방문하고 중·일 양측의 자제를 촉구하고 미국이 이를 중재할 것을 제안했다(2012년 9월 4일). 이에 대해 중국 측은 당사자 원칙을 적시하며 미국의 개입을 거부했다.[155]

일본 정부는 이시하라의 움직임을 제재하고 조어도를 국유화하기로 결정하였고,[156] 조어도 분쟁, 북한 미사일 발사에 대비하기 위해 자위

152 「人民網」, 2012년 8월 16일자 14:53. 당시 한국 언론(「조선일보」, 2012년 8월 16일자)은 당시 일본이 체포한 중국 활동가를 5명으로 기재하였다가 이틀 뒤 8월 18일자 기사에서 14명으로 정정 보도하였다.

153 중국 외교부 홈페이지(http://www.fmprc.gov.cn), 2012년 8월 15일 검색.

154 「人民日報」, 2012년 8월 24일자. 당시 파손된 치펑(啓豊) 2호의 선주는 약 20만 위안의 손실이 발생했다고 보고하였다.

155 「環球時報」, 2012년 9월 5일자. 남중국해 문제와 조어도 문제와 관련하여 "중국은 미국과 대화할 필요가 없다. 실제 막후에 있는 근본원인은 미국이다. 미국의 아시아 복귀를 위한 핑계로 활용하려 한다."라고 논평했다.

156 이시하라는 국민모금운동을 벌여 14억 5,500만 엔을 확보하고, 조어도를 구입하여 정박 시설을 만들 계획을 수립하였다(2012년 9월 4일).

대·경찰 합동훈련을 실시할 계획을 발표했다.[157] 이어 일본 정부가 조어도 국유화 결정을 하고(2012년 9월 10일), 섬 주인과 계약 체결을 하였다(2012년 9월 11일). 그러자 중국 정부는 조어도와 부속섬 12곳 등을 기점으로 하는 영해기선을 발표했다(2012년 9월 10일). 동시에 중국은 상시적인 감시 활동을 위해 해양감시선 46, 49호를 조어도 해역에 파견했다(2012년 9월 11일).

중국의 보복 확산과 일본 정부의 긴장으로 양국의 군사적 대립이 잠시 소강 상태가 되는 듯하였지만 중국은 조어도 국유화에 대한 경제 보복을 시사하면서 총공세를 펼쳤다. 중·일 수교 40주년 행사를 취소하고, 중국의 감시선 6척을 일본이 영해로 규정한 조어도 12해리 안으로 진입시키고(2012년 9월 14일), 리바오둥(李保東) 주 유엔 중국 대사가 조어도를 영해기선에 포함시킨 새로운 해도를 반기문 총장에게 제출했다(미국 시간 기준 2012년 9월 13일). 그리고 어선 1,000여 척이 조어도 해역에서 조업할 것이라고 보도하면서,[158] 유엔 대륙붕한계위원회(CLCS)에 동중국해 일부 해역의 대륙붕 경계안을 제출할 방침임을 밝혔다.[159]

이러한 중국의 총공세에 대해 일본 정부는 경계항해 수준의 조용한 대응을 하였지만, 중국 지도부의 시진핑은 패네타와의 회견에서 "조어도 국유화는 코미디"라고 언급하고 미국이 개입을 중단할 것을 촉구했다(2012년 9월 19일).[160] 이어 중국이 해양감시선 12척을, 일본이 대형 순시선 8척을 조어도 해역에 파견하였다가 다시 일본이 조어도 해역에 순시

157 「産經新聞」, 2012년 9월 5일자.

158 「人民日報」, 2010년 9월 17일자.

159 「조선일보」, 2010년 9월 19일자.

160 미국은 패네타 미 국방장관이 "주권에 관한 분쟁에서 누구 편도 들지 않겠다."라고 중립 입장을 밝혔다(2012년 9월 17일).

선 50척을 파견하자 중국도 해양감시선을 16척 파견했다. 군사적 긴장이 승급되자 중국은 본격적인 경제 보복을 시작하였다. 중국 세관이 일본 상품 전량에 대해 검사를 실시함으로써 통관 절차를 지연하였고, 중국 내에서 일본인에 대한 테러가 발생하였다. 시진핑은 미국의 전후 질서 재편에 대해 언급함으로써 역사적 책임 문제를 거론하기 시작했다(2012년 9월 19일). 상황이 극으로 치닫자 일본의 노다 총리가 "여러 채널로 중국과 대화할 필요가 있다."(2012년 9월 19일), "세계 경제 2위와 3위 국가 간의 관계 악화는 양국 모두에게 손해이며 세계 경제에도 악영향을 준다."(2012년 9월 23일)라고 하며, 자제를 암시하는 유화적 신호를 보냈다. 이에 시진핑은 영토 문제는 우호적 담판으로 해결할 것이라고 화답했다(2012년 9월 21일).

우호적 분위기로 전환된 지 며칠 지나지 않아 중·일은 유엔총회에서 또 다시 설전을 벌였다(2012년 9월 27일). 노다 총리가 국제법으로 분쟁을 해결해야 한다고 주장하자 중국은 일본이 국제법에 도전하고 있다고 응수한 것이다.

양국 간 분쟁이 격화되자 미국의 개입이 진행되었다. 미국은 조어도 해역과 남중국해에 항공모함을 파견할 것이라고 발표하고(2012년 10월 1일), 핵항모 조지워싱턴호를 남중국해에 진입시켰다(2012년 10월 20일). 그러나 일촉즉발의 충돌 상황에서 오키나와 해역에서 중국 국적 화물선이 조난당하는 사고가 발생하였고 일본 해상보안청이 이들을 구출하는 일이 발생했다(2012년 10월 20일). 그러자 상황이 반전되었다. 중국은 일본에 대한 단체 관광을 재개하였고(2012년 10월 20일), 일본은 미·일 섬 탈환 합동훈련을 취소했다.

일본의 조어도 국유화 조치 이후 양국 관계는 정냉경열의 상황을 유지하며 군사적 충돌을 상시화시키고 있다. 중국은 조어도 대응팀을 조직하여 적극적인 대응을 시작했다.[161] 중국 해군의 초계기가 일본 오키나와 영공 부근 공해상을 통해 서태평양에 진출하는 훈련을 실시했으며,[162] 중·러 군사훈련 기간 동안 중국 군함 5척이 소야해협을 경유하여 일본 열도를 한 바퀴 순회하는 훈련을 실시했고,[163] 중국 해경선이 조어도 해역에 진입한 일본의 순시선을 몰아내고 24시간 동안 체류한 사건이 발생하였다.[164] 일본의 국유화 조치 1년을 앞둔 시점인 2013년 9월 10일, 중국은 병력 4만 명이 동원된 대규모 군사훈련을 실시했으며, 해경선 7척이 조어도 해역에 진입했다.[165] 중국은 6일에 한 번 조어도에 진입하고 있으며, 이 때문에 일본의 전투기들이 수시로 출격하고 있다.[166]

3. 일본의 무주지 선점론

1) 일본 정부의 국가 행위: 무주지 선점의 성립 여부

조어도는 동중국해의 동쪽에 돌출된 다섯 개의 작은 화산섬과 암초들을 지칭하며, 대만 동북쪽에서 120해리, 중국 대륙에서 200해리, 오키나와 남서쪽에서 200해리 떨어진 곳에 위치해 있다. 일본 정부는 1972년 3월 8일에 발표한 '첨각열도에 대한 외교부의 기본입장'에서 조어도가 일본 영토인 것을 분명히 하였고, 그 근거로 무주지 선점의 논리를 주장하

161 「國防時報」, 2013년 2월 4일자.
162 「조선일보」, 2013년 7월 26일자.
163 「조선일보」, 2013년 7월 27일자.
164 「조선일보」, 2013년 8월 9일자.
165 「조선일보」, 2013년 9월 11일자.
166 「조선일보」, 2013년 9월 10일자.

였다. 일본의 주장에 따르면, 일본 정부는 1895년 내각 결정으로 조어도를 일본 영토에 편입시킨 다음, 이듬해 4월 오키나와현에 군(郡) 제도를 실시하면서 두 섬을 야에야마(八重山)군에 편입시켜 북소도, 남소도와 함께 국유지로 지정했다. 그 후 구미적도(久米赤島)라고 알려진 적미도에 대한 오키나와현의 행정 조치가 늦어져서 적미도는 1921년에 국유지로 지정되고 대정도(大正島)로 개칭되었다. 일본은 어조도를 비롯한 이들 4개 섬을 1896년에 민간인에게 대여하여 깃털 채취, 다랑어포 제조 등의 사업을 하게 했다.[167]

이러한 증거들을 토대로 일본 정부는 이들 민간인을 중심으로 조사 활동, 해난 구조 등을 통하여 '첨각열도'를 실효적으로 지배했다고 주장한다. 그리고 무주물로서 조어도를 일본이 점유했을 때, 중국의 항의가 장기간 동안 없었고, 제2차 세계대전이 끝날 때까지 조어도는 일본이 유효 지배를 하고 있는 상태에서 오키나와의 일부분으로 간주되었다고 주장한다.

2) 부속도서로서의 조어도: 오키나와에 귀속된 섬인가 대만에 귀속된 섬인가의 여부

제2차 세계대전 후 조어도는 남서열도의 일부분으로서 미국의 관할권하에 놓였다가, 1972년 오키나와의 반환과 함께 일본 영토에 편입되었다.

167 조어도 열도의 각 도서의 중·일 명칭 및 현황을 표로 나타내면 다음과 같다.

중국명	일본명	면적
釣魚台(댜오위타이)	魚釣島(우오쓰리지마)	$4.32km^2$
黄尾嶼(황웨이위)	久場島(구바지마)	$1.08km^2$
赤尾嶼(츠웨이위)	大正島(다이쇼지마)	$0.0609km^2$
南小島(난샤오다오)	南小島(미나미코지마)	$0.4592km^2$
北小島(베이샤오다오)	北小島(기타코지마)	$0.3267km^2$
北岩(베이얀)	沖北岩(오키노키타이와)	$0.0183km^2$
南岩(난얀)	沖南岩(오키노미나미이와)	$0.0048km^2$
岩礁岩(얀자오얀)	飛瀬(도비세)	$0.0008km^2$

이와 관련하여 일본이 주장하고 있는 논리는 다음과 같다.

일본은 〈샌프란시스코 강화조약〉 제2조 b항에 의해 대만을 비롯한 평후 열도에 대한 모든 권리를 포기했다. 그러나 조어도는 원래 대만에 포함된 영역이 아니었다. 왜냐하면 1895년의 청일강화조약에서 일본이 대만을 할양받을 당시, 청나라가 통치하고 있던 지역은 대만의 북쪽 끝 계룡서(鶏籠嶼, 지금의 基隆嶼)까지였기 때문이다. 중국 측은 조어도를 일본에 '빼앗긴' 지역으로 인식하여 〈카이로 선언〉에 따라 반환받아야 할 대상이라고 주장하지만, 조어도는 푸젠성의 일부분이나 청나라의 중앙직할지로 편입된 적이 없다.

일본은 또한 중국의 유효 지배에 대해서도 의문을 제기한다. 중국이 설령 조어도에 대한 역사적인 근거를 갖고 있다는 것이 인정된다고 해도 청나라, 중화민국, 중화인민공화국은 조어도의 일본 영토 편입 후 75년, 대만에 대한 일본의 통치가 풀린 후 25년 동안 아무런 이의를 제기하지 않았고, 오히려 조어도가 오키나와에 소속되었음을 묵인해 왔다고 주장한다. 즉 중국의 묵인에 의해 일본의 시효 취득 조건이 충족되었다는 것이다.

그리고 조어도의 대만 귀속 여부와 관련하여서도 몇 가지 증거자료들을 제시하면서 대만 귀속을 부정하고 있다. 우선 전후 대만성에서 편집된 문헌에서 대만 본도의 북쪽에 있는 팽가서(彭佳嶼)를 대만의 북단으로 설정하고 있다는 사실을 지적한다. 『인민일보』의 기사도 조어도를 유구군도 안에 포함시키고 있으며, 대만을 비롯하여 베이징에서 발행된 지도에서도 조어도를 중국 영토의 범위에서 제외하고 유구 군도의 일부분으로 간주하고 있는 자료들이 있다는 것이다.[168] 1952년의 일본국과 중화민

168 尾崎重義, "尖閣列島の帰属について(下の二つ)", 『レファレンス』, 263号(1972), pp. 171~172.

국 사이의 평화조약에서도 조어도의 중국 반환은 규정되어 있지 않았다.

따라서 일본은 중국의 역사적인 근거에서 몇 가지 법적 효과들이 발생하였을 수도 있지만, 그 후 75년간의 다른 사실들에 의해 소멸되어, 일본의 점유 지속에 따른 시효를 주장할 수 있는 근거를 마련하게 되었다고 주장한다.

조어도가 대만의 부속도서가 아니라고 주장하는 일본 역시 조어도의 영유권 취득과 관련하여 '점유 지속'이라는 측면에서 문제가 있다. 당시 일본 정부가 구바섬(久場島/黄尾嶼)과 조어도에 국가 표지를 세우려 한 것은 이들 섬을 점유하려는 목적에서 한 것일 뿐 아니었고, 그것은 대만과 평후 열도를 점령하려는 계획의 일환이었다. 그 때문에 청일강화조약에서 대만과 평후 열도 점령의 목적을 달성한 후에는 국가 표지를 세우는 일을 잊어버렸다. 그래서 이시가키(石垣)시가 지적을 표시하고 표지를 세운 것은 내각회의 결정 74년 후인 1969년 5월 10일이고, 오키나와 당국이 이 섬들에 대해 점유 선언을 한 것은 1970년 9월 10일이다.[169]

4. 중국의 역사주권론

1) 역사적 권원 주장과 지도사료의 증명력

1971년 12월 30일, 중국 정부는 조어도에 대한 공식 입장을 이렇게 표명했다. "조어도는 고대 시기부터 대만에 속한 불가분의 중국 영토이다." 중국은 또한 조어도뿐만 아니라 다른 부속도서들 역시 고대부터 중국의 영토였고, 그 시기는 명대로 거슬러 올라간다고 주장한다. 당시 조어도

169 이정태,『신중국의 해권과 해양영토』(서울: 대왕사, 2005), p. 161 참조.

해역은 유구에 소속된 것이 아니라 중국의 연안방어지역에 포함된 중국의 부속지역이었다는 것이다. 그리고 중국에 속한 대만의 어부들이 조어도와 인근 도서들 주변에서 어로 활동을 하였다고 주장하면서,[170] 발견과 유효 점유에 기초한 영토주권을 주장한다. 이러한 주장을 토대로 중국 정부는 1992년에 중국영해법을 제정·공표했다. 그 내용은 자국 영해를 내륙영토에 인접한 일정한 해역으로 규정하고 내륙영토를 '대륙 및 그 연안 도서, 대만 및 조어도(釣魚島)를 포함한 대만에 부속하는 각도, 평후 열도(澎湖列島), 동사군도(東沙群島), 서사군도(西沙群島), 중사군도(中沙群島), 남사군도(南沙群島), 그리고 그 밖의 일체의 중국 도서'라고 규정했는데,[171] 이는 중국 국내법적 입장에서 조어도를 중국 영토로 완전히 귀속시킨 조치라고 볼 수 있다.

중국이 조어도 영유권을 공식화한 것은 역사적 권원에 근거한다.[172] 중국은 그 증거물로 1403년에 도서의 발견과 지리적 현황을 묘사한 역사적 기록물들을 제시하고 있다. 중국 측 주장에 따르면, 명 왕조는 16세기 중반 무렵에 일본 해적에 대비하기 위해 연안방어체계를 구축하였다고 한다. 중국은 이와 관련된 증거로 조어도를 포함한 연안방어체계를 기록한 서류와 지도들을 제시한다. 중국은 또한 조어도가 수 세기 동안 대만의 일부로 관리되었고, 중국 어부들의 어업 기지이자 태풍 피난처로 이용되었다고

170 "Statement of the Ministry of Foreign Affairs of the People's Republic of China, dated 30 December 1971", *Beijing Review*(January 1, 1972), p. 13.

171 「중국 영해 및 접속수역법」 제2조. 이들 도서의 명칭은 영어로 '동사군도(Pratas)', '서사군도(Paracels)', '중사군도(Macclesfield Bank)', '남사군도(Spratlys)'로 지칭되고, 분쟁 지역인 남사군도는 베트남명 'Truong Sa', 필리핀명 'Kalayaan'으로 지칭된다. 이정태, 『신중국의 해권과 해양영토』(서울: 대왕사, 2005), p. 223 참조.

172 역사적 근거와 관련한 논문은 Tao Cheng, "The Sino-Japanese Dispute over the Tiao-yu-tai(Senkaku) Islands and the Law of Territorial Acquisition", *Virginia Journal of International Law*, Vol. 14(1973~1974) 참조.

주장한다. 공식적인 정부 행위에 대한 또 다른 증거로 1893년 서태후의 칙령을 든다. 당시 서태후가 신하인 성산화이(Sheng Xuanhuai)를 조어도 인근 3개의 소도에 보내어 향료를 채집할 것을 명한 바 있다는 것이다.[173]

이 외에 중국은 다량의 역사자료들을 확보하고 있는 것으로 알려졌는데,[174] 문제는 중국이 증거자료로 제시하고 있는 '지도'의 증명력이다. 영토 분쟁에 관한 국제재판 판례를 보면, 공문서에 첨부된 지도의 경우 공문서와 같은 효력이 있는 것으로 인정하나, 분쟁 당사국 간의 다툼이 있고 내용이 불명확한 지도는 단순한 정보나 정황 증거로서의 가치만 인정하고 단순히 지도의 존재만으로는 영유권을 판단할 수 있는 법적 근거가 되지 못한다고 판결한 내용이 있다.[175] 네덜란드와 베네수엘라 간의 아베스(Aves) 섬에 관한 영유권 분쟁(1865), 불키나파소와 말리 간의 국경 분쟁(1986), 보츠와나와 나미비아 간의 카시킬리/세두두 섬에 관한 영유권 분쟁(1999), 인도네시아와 말레이시아 간의 리기탄, 시파단 섬의 영유권 분쟁(2002)의 경우가 대표적인 적용 사례이다.

2) 유구와의 관계와 역사적 권원

조어도의 역사적 권원 문제를 해결하기 위해서 반드시 해결해야 할 문제가 중국과 유구의 관계이다. 따라서 중국은 『수서·유구국전(随书·琉球国传)』(수대), 『정개양잡저(郑开阳杂著)』(명대), 『유구봉사록(流球奉使录)』(명대), 『유구국지략(琉球国志略)』(청대), 『사유구기(使琉球记)』(청대) 등 수나라에서 청나라까지 시대별로 다양한 자료들을 갖추고 대응 논

173 Park Hee Kwon, *The Law of the Sea and Northeast Asia*(Hague: Kluwer Law International, 2000), p. 81.

174 「青年参考」, 2005년 4월 6일자.

175 황용식, "독도 영유권에 관한 일본측 주장의 근본적인 문제점", 『외교』, 제94호(2010. 7.), p. 84.

리를 마련하고 있다. 명나라 영락제 시기에 출판된 『순풍상송(顺风相送)』의 내용을 보면, 대만 관할의 조어도에서 진주 채취, 약초 채집, 어로 개발에 착수했다는 기록이 있다.[176] 천칸(陈侃)의 『사유구록(使琉球录)』(명대 가경 11)에도 이러한 정황들이 자세히 서술되어 있다.[177] 다음은 1534년(명대 가정 13), 천칸이 유구의 사절로 다녀온 후 쓴 『사유구록』의 원문을 번역한 것이다.

> 1526년 겨울에 유구국 중산왕 상진(尚真)은 사망하였다. 1528년, 세자 상청(尚清)은 세습봉작(世襲封爵)의 계승을 요구하였다. 이에 흠차대신들은 상청에게 중산왕을 내려주려고 조서를 가지고 유구로 갔다. 우리는 황제한테 작별을 고한 후에 복건(福建)에 가서 배를 만들었다(가정 13년 5월). 5일에 출발하였고 8일에 강어귀에서 나갔는데, 망망대해를 볼 수 있었다. 바람이 잔잔하여 파도가 일지 않았다. 햇빛과 물빛이 잇닿고 구름과 안개의 변화가 무궁하여 매일 놀라움이 컸다. 9일에는 작은 산을 보았는데, 소유구(대만)였다. 10일에는 남풍을 받아 배가 빠르게 항해했다. 팽가산(彭佳山)을 거치고, 조어도(钓鱼岛)를 거치고, 황미서(黄尾屿)를 거치고, 적미서(赤尾屿)를 거쳤다. 많아서 미처 다 볼 수 없었는데, 일주일간의 노정이 마치 삼일의 노정과 같았다. 11일 저녁에 고미산(古米山)을 봤는데, 그곳은 드디어 유구에 속하였다.

이 기록에서 '고미산은 유구에 속한다'고 적고 있는 사실은 조어도를 구성하는 나머지 대부분의 섬들은 당시 대만에 귀속된 것으로 여겨졌다

176 陈自强, "漳州人与钓鱼岛", 『漳州职业大学学报』, 1999年 4月号, pp. 70~71.

177 米庆余, "钓鱼岛及其附属岛屿归属考－从明代陈侃〈使琉球录〉谈起", 『历史研究』, 2002年, 第3期, pp. 184~185.; 이정태(2007), 앞의 책, p. 304 참조.

는 방증이 된다. 따라서 중국은 이를 근거로 우선 조어도와 유구의 관계에 대해 기본적으로 조어도가 대만에 부속된 섬이라고 주장한다. 중국은 조어도의 귀속 관계를 설명하기 위하여 유구와 중국의 관계, 유구와 조어도의 관계로 나누어 접근하고 있다. 먼저 중국은 조어도가 유구의 부속도서가 아니라는 점을 증명하기 위해 명대 이래 중국의 지도와 문헌들이 조어도, 황미서(黃尾嶼), 적미서(赤尾嶼)를 중국 영역으로 표시하고 있음을 들고 있다.[178] 중국이 이들 지역을 관리했다는 유구의 기록도 찾아내었다.[179] 일본 측의 문헌에서도 증거들을 찾았다. 1768년 『삼국통람도설(三國通覽圖說)』의 〈유구 3성과 36도의 지도(琉球三省幷三十六島之圖)〉에 유구, 일본, 중국, 대만이 각각 다른 색으로 표시되었고, 조어도, 황미도, 적미도와 푸젠, 저장(浙江)이 같은 색으로 표시된 사실을 적시한다.

이들 자료들은 중국이 이미 조어도에 대해 인식하고 있었다는 사실을 성립시키기 때문에 일본의 '무주지론'에 대한 대응 논리가 된다. 동시에 조어도가 유구의 부속도서가 아니라 중국에 속한다는 근거가 된다.

둘째, 유구와 중국의 관계는 다음과 같이 설명한다. 유구는 1372년에 명나라와 조공관계를 맺었고, 유구 왕은 명나라 황제의 책봉을 받아서 중산왕으로 불리었다. 이 관계는 1661년에 명조가 붕괴되고 청조가 들어선 후에도 계속되었으며, 1880년경에 이르러 종결되었다. 그 사이 유구는 2년에 한 번씩, 때로는 해마다 중국에 조공을 했으며, 그 외에도 중국 황제

178 구체적인 증거로 중국은 1562년 명대 호종헌(胡宗宪)·정약증(郑若曾) 등이 편찬한 『주해도편(筹海图编)』의 제1, 2권에 수록된 〈복건연해산사도(福建沿海山沙图)〉와 〈복건사왕일본침로(福建使往日本针路)〉를 제시하고 있다.

179 1534년과 1606년의 책봉사의 기록 『유구록(琉球錄)』, 1719년의 서보광(徐葆光)의 『중산전신록(中山传信录)』은 유구의 경계를 '久米島'로 표시하고 있다. 1756년 주황(周煌)의 『유구국지략(琉球国志略)』의 〈유구국지도(琉球国地图)〉에 따르면, 유구의 남단은 '那姑呢(那国岛)', 북단은 '奇界(喜界岛)'와 부속도서, 서단은 '姑米山'이라고 표시되어 있고, 조어도(첨각열도), 황미도, 적미도 등은 표시되어 있지 않다.

즉위 시에 축하 사절을 파견하는 등 유구와 중국의 왕래가 빈번하였다. 중국과 유구 간의 왕래는 푸젠 성의 푸조우에서 대만의 북쪽을 거쳐 조어도의 충합(沖合)까지 도달했고, 구미도(久米島)에서 나패(那霸)까지 직선항로도 이용했다.

이러한 중국의 주장에는 모순이 있다. 유구가 중국의 영토였다면 조어도는 당연히 중국의 영토가 된다. 그러나 논리를 뒤집어, 중국이 조어도를 포함한 유구까지를 중국의 영토라고 주장하면 자칫 조어도가 유구에 귀속된 것으로 정리될 수 있다. 그러면 조어도는 유구의 일본 복속, 제2차 세계대전, 샌프란시스코 강화회의, 오키나와 반환으로 연결되어 유구와 함께 처리될 위험성이 있다. 이 때문에 중국은 조어도가 유구의 영토가 아니라 중국의 영토였다고 주장한다. 중국이 유구와의 관계에서 중국 귀속을 인정할 수도 없고, 완전히 부인할 수도 없는 입장인 것은 그 때문이다.

3) 조어도 명칭과 어로수역

역사적 권원 측면에서 조어도의 명칭은 중요한 판단근거가 된다. 중국은 수나라 때 조어도의 정식 명칭이 '고화서(高華嶼)'였고, 고미산(姑米山)의 정식 명칭이 '구벽서'였다는 점을 들어 중국의 관할 근거로 삼는다. 현재 중국이 사용하고 있는 '조어도'라는 명칭은 1722년(청대 강희 61) '조어대(釣魚臺)'라는 명칭을 사용한 후 지금까지 일관되게 사용되고 있다고 주장한다. 이에 반해 일본에는 조어도를 비롯한 서남제도에 대한 명칭이 없었으며 후에 '조어서(釣魚嶼)', '첨각열도(尖閣列島)', '첨두제도(尖頭諸島)'라는 명칭으로 변용·혼용해 왔다고 주장한다.[180]

해류와 같은 자연지리적 조건 역시 중요한 역사적 근거자료가 된다. 중

180 鞠德源,『钓鱼岛正名』(北京: 昆仑出版社, 2006), pp. 21~23.

그림 36 동해 및 북서태평양 해류 모식도[181]

국의 문헌에 따르면, 조어도는 춘추전국시대 중국인들의 해외탐사에 의해 발견되었는데, 해양대하(海洋大河)의 가운데 위치한 해산(海山)으로 '열고사(列姑射)'로 명명되었다. 조어도와 오키나와 열도 사이에는 바다강(海河, 黑潮, KuroShio)이 흐르고 있어서 해류 양측은 기후 및 식생대가 다를 뿐 아니라 서로 왕래하기도 쉽지 않았다.[182] 따라서 이는 당시의 항해술의 수준으로 미루어 볼 때, 이는 일본의 조어도 접근이 어려웠고 각각의 어로수역이 다르게 형성되었다는 증거가 된다. 중국은 동중국

181 Mark J. Valencia(ed.), "International Conference on the Yellow Sea", 『Occasional Papers of the East-West Environment and Policy Institute』, No. 3, 1987, p. 9.

182 『山海经 · 海内北京』.

해의 해류 상황을 고려하면 조어도 해역에 대한 영유권을 중국이 가지고 있었다고 주장한다. 그 근거로 아래의 해류 모식도를 제시하는데, 해류의 영향으로 일본 어부들의 조어도 접근이 어려웠다는 점을 강조한다. 또 독도의 경우에 한국 측이 울릉도민의 조업 지역이 독도라는 상황을 감안하여 속도(屬島) 이론을 내세우듯, 중국 역시 대만과 조어도의 관계를 속도 이론으로 정의하려 한다. 그러나 문제는 중국 측이 이와 관련한 실증적인 사료를 확보하지 못하고 있다는 점이다. 즉, 어부들의 어로 기록이나 관련 관청의 관리 기록이 없다.

5. 중 · 일 주장의 한계 및 시사점

1) 일본의 반박과 무주지 선점론의 한계

일본은 중국의 유구와의 관계에 기초한 역사주권론에 대해 다음과 같이 반박한다.

유구에서 중국으로 파견된 사선(使船) 수는 중국에서 파견한 것의 10배 이상이 되었고, 유구 사람들이 항로를 숙지하고 있다는 중국 문헌의 기록은 중국이 조어도를 항로의 목적지로 하였다는 것을 나타낼 뿐이지 자국 영토라고 적극적으로 기술한 것은 아니다. 따라서 중국이 제시하는 기록만을 근거로 본다면, 조어도는 소속 미정이었다고 할 수 있다. 더욱이 근대 국제법을 적용해 보면, 중국의 문헌에서 청나라가 조어도를 실효적으로 지배했다는 흔적을 찾을 수 없다.[183]

183 최근 독도 문제와 관련하여 일본의 무주지 선점론에 대한 자료들이 발굴되고 있다. 울진, 삼척 등의 대풍원을 비롯한 당시 울릉도 도해와 관련된 어부들의 기록과 정부의 조치들에 대한 기록이다. 울릉도의 독도박물관을 중심으로 자료가 정리되고 있다.

최근 해양영토 문제와 관련하여 일본에 대해 한·중·러의 공조 의견이 제기되고 있는데, 이에 대해 일본 학자들은 다음과 같이 의견을 피력하고 있다. '무주지 선점'이라는 점에서 조어도의 법적인 지위는 한국의 독도가 가진 지위와 유사하지만 다음의 몇 가지 사실에 차이가 있다. 첫째, 독도의 경우, 한·일 양국 모두 역사적 근거를 주장하고 있는 데 반해, 조어도의 경우에는 중국만 역사주권론을 주장하고 있고 일본 정부는 무주지에 대한 선점의 조건을 충족시키려 한다. 둘째, 독도 문제는 제2차 세계대전 직후 바로 한·일 간의 분쟁거리가 되었는데, 그에 반해 조어도는 1970년이 되어서야 중국 측이 영유권 문제를 제기하였다. 셋째, 독도 문제와는 달리 조어도 문제는 정부 간의 본격적인 논쟁 단계로 발전되지 않고 오히려 민간의 논의가 먼저 진행되었다.[184]

상기에서 보면, 일본이 중국의 논리에 대해 대응 논리의 핵심으로 삼고 있는 것은 다음의 두 가지이다. 첫째, 중국의 발견이나 유효 점유의 증거자료가 부재하다는 점, 둘째, 중국의 국가 행위의 부재, 즉 방기의 시간이 일본의 점유를 유효하게 만들었다는 점임을 알 수 있다. 물론 일본도 중국의 주장에서 고대사와 지리적 특수성을 무시하고 있다는 점에서 논리의 오류가 노출되고 있다.

2) 중국의 반박과 역사주권론의 한계

중국은 우선 일본이 주장하는 선점의 국제법적 효력에 대해 반박한다. 중국의 논리는 영토 변경 방법으로서 선점의 부당함에 관한 것이다.

국제법상 새로운 섬의 귀속은 선점 원칙에 의해 결정되는 것이 일반적이지만, 여기에는 조건이 있다. 일반적으로 선점의 조건은 국가가 영유

184 太壽堂鼎,『領土歸屬の國際法』(東京: 東信堂, 1998), p. 201.

의사를 가지고, 무주의 토지를 실효적으로 점유하는 것이다. 그리고 실효적 점유는 토지의 현실적인 사용이나 정주라는 물리적 점유보다도 해당 지역에 대한 지배권의 확립이라고 하는 사회적 점유의 의미에 중점을 두고 있다.

이러한 발견과 선점의 원칙은 사실 모순이다. 왜냐하면 선점 원칙은 실제로 서구 열강들의 작품이기 때문이다. 식민지 획득 과정에서 원래 무주지가 아닌 지역을 무주지로 만들어 버린 것이다. 따라서 최근 국제법상 선점의 효과에 대해 의문을 제기하는 사례가 늘어나고 있다. 전통 국제법에서는 어떠한 국가에도 속하지 않은 황무지로서 사람이 거주하더라도 특정 국가의 토지로 귀속되지 않은 경우에 이를 무주지라고 인정했다. 그러나 현대 국제사회는 이러한 주장을 인정하지 않는 추세이다. 국제법원의 1975년 판례를 보면, 부락의 형태를 갖추거나 사람이 거주하면서 일정한 사회적·정치적 조직이 형성된 지역은 무주지로 인정될 수 없다.[185] 선점에 의한 영토의 변경 방법은 서구 식민주의 국가들의 대외 확장 시기에 아주 중요한 의미를 가졌다. 그러나 현대에는 남극을 제외하고는 지구상에 어떠한 국가에도 속하지 않으면서 사람도 살지 않는 땅은 거의 없다. 따라서 현대 국제법에서는 사람이 발을 딛고 사는데, 국가에 소속되지 않았다고 해서 무주지 선점의 대상이 될 수는 없다. 때문에 선점의 방식으로 영토를 취득한다는 것은 별 의미가 없다. 단지 국가 간의 영토 분쟁에서 때에 따라서 선점이 영토 변경의 방법으로 고려될 뿐이다.[186]

중국은 일본이 선점으로 취득했다고 주장하는 조어도에 대한 영유권의 성립 조건 중 '국가 행위'라는 측면에서 일본의 주장을 반박하고 있다.

185 陳致中 編著, 『國際法案例』(北京: 法律出版社, 1998), p. 8.

186 马呈元, 『国际法』(北京: 中国人民大学出版社, 2003), p. 100.

일본의 과거사를 보면, 480여 년에 걸친 일본의 쇄국 시기(907~1126, 1587~1854) 동안 일본은 국내 쇄국은 물론 중국과의 교류도 전무했고, 대형 선박 건조와 외국 출입을 엄격히 금지함으로써 세계와 격리된 고도(孤島) 상태로 있었다. 따라서 1854년 개국 이전의 일본인은 조어도와는 완전히 절연된 상황, 즉 일본의 국가 행위가 있을 수 없는 '방기'였다고 주장한다.[187]

중국은 일본이 주장하는 '시효'의 구체적인 시한이 국제법상 일반화된 바가 없다는 사실을 들고 있다. 또한 조어도에 대한 관할 포기, 즉 방치를 부정하고 있는데, 이는 문제 해결을 어렵게 한다.[188] 중국은 조어도를 방치하거나 타국의 주권을 인정한 적이 없고, 일본이 조어도를 유효 지배했을 때 대만과 함께 이를 항의하는 주권 의사를 표시했다는 것이다.[189]

이러한 논리를 주장하는 중국 역시 '현상 승인의 원칙', '실효 지배의 원칙'에 대한 대응 논리가 부족하다. 또 지도사료의 증명력에서 한계에 부딪히고 있다.

3) 시사점

중·일 양국이 조어도 분쟁을 계속하고 있는 원인은 본질적으로 해양에 대한 인식과 가치가 변화했기 때문이다. 해양이 육지의 종점 내지 한계선이라는 인식이 구체적인 이익 창출의 공간이라는 인식으로 대체된 것이다. 특히 유엔해양법에 배타적 경제수역(EEZ)을 비롯한 조항들이 추가되

187 鞠德源,『钓鱼岛正名』(北京: 昆仑出版社, 2006), p. 15.

188 邵津,『国际法教程』(北京: 高等教育出版社, 2000), p. 102. 여기에는 선점과 유효 지배의 조건이 다음과 같이 나온다. ① 주체는 국가, ② 객체는 무주물, 즉 무인도이거나 방치된 토지, ③ 주관적인 점유 의사의 표시, ④ 객관적으로 유효 점유, 즉 적당한 주권의 행사나 표시.

189 谭晓虎·王开明, "从国际公法角度论钓鱼岛主权归属",『西北第二民主学院学报』(银川: 哲社出版社, 2003), p. 75.

면서, 연안국들은 하나의 섬 또는 초석의 영유에 따라 안보적·경제적 측면에서 천문학적인 이익이 좌우되기 때문에 민감할 수밖에 없다. 물론 이익을 분점하거나 공유할 수 있는 부분도 있다. 해로 안보나 해양오염 방지, 해양생물 보호의 측면에서는 그렇다. 그러나 지하자원이나 에너지 문제에 있어서는 양보할 수 있을 정도의 이익 수준이 아니다. 구체적이고 직접적인 이익이 규모 면에서나 시간적인 면에서 양보가 불가하다. 해양경계가 섬의 귀속 결정과 관련될 경우에는 더욱 그렇다. 한 뼘의 도서(암초)가 수십만 평방미터 해역의 귀속 여부를 결정하기 때문이다. 더군다나 해양은 내륙과 달리 '사람'이라는 존재가 없기 때문에 경계 설정을 모호하게 하거나 완충지대를 둘 필요도 없다. 국가 주도로 명확하게 구분되는 선(line)만이 필요할 뿐이다. 따라서 현재 중·일 양국이 조어도 분쟁의 평화적 해결을 위한 정기적인 대화 기제를 마련하고 있지만 당분간은 분쟁이 지속될 수밖에 없을 것이다.

우리가 조어도 분쟁을 연구하고 주목해야 할 이유가 있다면, 바로 독도 문제 때문이다. 독창적이고 독자적인 독도 수호 전략을 구사하는 것도 중요하지만, 조어도 선례를 적절히 활용하는 것도 좋은 방법이다. 왜냐하면 중국과 일본 간의 조어도 분쟁은 한국과 일본 간의 독도 분쟁과 닮은 부분이 참 많기 때문이다. 역사적 권원, 국제법은 물론이고 일방의 실효 지배와 상대의 대응이라는 점까지 유사하다. 지속적인 연구를 통해 조어도를 둘러싼 중국의 갈등과 협력, 그리고 분쟁 해결 과정을 지켜보고 분석한다면, 독도에 대한 일본의 주장들을 무력화시키는 데 필요한 아이디어를 많이 얻을 수 있을 것이다.

제13장
한국 정부의 독도정책

1. 한국 정부의 독도정책과 대응

1) 역대 정부의 대응 정책

우리나라는 지금까지 합법적인 국가 행위를 통해 독도를 관리해 왔고, 독도 영유권을 수호하기 위해서 최선을 다해 노력했다. 1897년에 대한제국을 선포한 고종은 1900년에 독도를 행정상 울릉도에 편입시키는 〈칙령 제41호〉를 발표하였고, 중앙 관보를 통하여 각국 공사관에 보내 국제적으로 고시했다. 1905년 일본이 〈시마네현 고시 제40호〉로 독도를 침탈한 후, 1906년 울릉 군수 심흥택이 일본의 독도 침탈 소식을 접하게 되자 강원도 관찰사와 중앙정부에 보고하였다. 당시 국가최고기관인 의정부에서는 독도가 일본 영토라는 것은 전혀 근거가 없으며 사실관계를 재조사하라는 〈지령 제3호〉를 내렸다. 이는 일본이 일개 지방 고시를 통해 독도 침탈을 시도하기 오래전부터 독도가 한국 땅이었다는 사실과, 당시 대한제국이 독도를 자국의 영토로서 확실하게 인식하여 통치하였음을 알려 준다. 그러나 1910년 을사늑약으로 인해 외교권이 박탈되면서 우리나라는 어떠한 국가 행위도 할 수 없게 되었다.

그 후 일본은 태평양 전쟁에서 패한다. 우리나라는 1943년의 〈카이로 선언〉을 통해 다시 독도를 찾았다. 〈카이로 선언〉에는 일본이 폭력과 탐욕에 의해 약취한 모든 지역으로부터 축출되어야 하며 일본이 강제 점령했던 지역들은 자동적으로 해당국들에게 반환되어야 한다는 것을 명기했다. 1946년 〈SCAPIN 제677호〉는 일본 점령 기간 동안 일본의 통치·행정 범위에서 제외되는 지역에 독도를 포함시켰다. 이로써 독도는 완전한 대한민국의 영토로 편입되었다. 그러나 6·25 전쟁 과정 중에 진행된 〈샌프란시스코 강화조약〉의 결과로 인해 일본은 또 다시 독도의 영유권을 주장하기 시작했다. 이 조약에서 일본이 포기해야 할 영토 목록에 독도가 명기되지 않았다는 이유에서였다. 그리고 그 후 일본은 끊임없이 독도의 영유권을 주장하여 왔다. 6·25 전쟁 때문에 전범국으로서 면죄부를 얻은 일본은 〈요시다 독트린〉을 발표하고, 미국의 안보 기생충이 되었다. 그로 인해 6·25 전쟁, 베트남 전쟁에서 미국의 군수기지 역할을 담당할 수 있었다. 타국의 불행을 밑천 삼아 엄청난 부를 축적한 일본은 최강의 경제대국으로 부활하였다. 그리고 과거를 망각한 채 대한민국의 섬 독도에 대한 집착을 다시 드러냈다.

그동안 한국 정부는 일본의 노골적인 야욕에 대응하기 위해 다양한 방법을 강구하였다. 현재 시점에서 평가하면, 양적인 면에서는 충분한 노력이 진행되었다고 보인다. 중앙정부 차원, 지방정부 차원, 사회단체 차원, 개인 차원에서 다양하고 순발력 있는 노력들이 있었다.

그럼, 중앙정부 차원의 대응 노력을 역대 정부별로 살펴보자.

일제로부터 국권을 회복하고 처음으로 대한민국 정부를 구성했던 이승만 대통령 시기에는 해안에서 50~100마일에 이르는 해양경계선을 선포하면서 독도가 포함된 대한민국 인접 해양의 주권에 대한 대통령의 선언인 '이승만 평화선'을 발표했다. 당시 변영태 장관은 "독도는 일본의 한국 침략에 대한 최초의 희생물이다. 해방과 함께 독도는 다시 우리 품에 안겼다. 독도는 한국 독립의 상징이다. 이 섬에 손을 대는 자는 모든 한민족

侵犯船擊沈不辭

平和線守護, 政府當局警告

그림 37 '이승만 평화선' 당시 보도 기사[190]

의 완강한 저항을 각오하라. 독도는 단 몇 개의 바위덩어리가 아니라 우리 겨레의 영예의 닻이다. 이것을 잃고서야 어찌 독립을 지킬 수 있겠는가. 일본이 독도 탈취를 꾀하는 것은 한국 재침략을 의미하는 것이다."라고 독도가 대한민국에서 가지는 의미를 확인했다.

박정희 정부는 한·일 국교 정상화를 추진하면서 일본의 독도 야욕에 직면하였다. 당시 정부는 외교적 기술은 미흡했지만 강한 의지를 표명한 것으로 평가된다. 한일기본조약 체결 과정 중에 문제가 되었던 독도 문제를 해결하기 위해 당시 정일권 국무총리와 우노 소스케 일본 자민당의원 간에 '밀약'설도 제기되었다(1965년 1월). 그 내용을 보면, 다음과 같다.

독도는 앞으로 대한민국과 일본 모두 자국의 영토라고 주장한다. 이에 반론하는 것에 이의를 제기하지 않는다. 장래에 어업구역을 설정할 경우 양국이 독도를 자국 영토로 하는 선을 획정하고, 두 선이 중복되는 부분은 공동 수역으로 한다. 현재 대한민국이 '점거'한 현상을 유지한다. 그러나 경비원을 증강하거나 새로운 시설의 건축이나 증축은 하지 않는다. 양

190 「경향신문」, 1953년 9월 17일자.

그림 38 한반도 주변 해역의 영역 구획

국은 이 합의를 계속 지켜 나간다.

그러나 실제 한일기본회담의 기록을 보면 한국 정부의 단호한 입장이 드러난다. 일본 측에서 기록한 「한일기본회담 의사록」을 보면, 김동조 한국 대사가 우시바 심의관에게 "독도라는 문구를 회담 조약문에 넣는 것과 독도를 국제사법재판소에 회부하자는 내용을 넣는 것은 절대로 불가능하다."라고 말했다는 내용이 있고, 한·일 국교 정상화 논의를 하는 과정에서 다시 독도 문제가 거론되자, "독도는 한국 정부의 안정과 운명이 걸린 중대한 문제이기 때문에 만약 일본이 한국 측이 수락할 수 있는 해결책을 제시하지 못하면 한·일 회담을 중지해도 좋다."라고 했다고 한다.[191] 박정희 대통령도 딘 러스크의 '공동 등대 설치 제안'에 반대하면서 "수교 협상에서 비록 작은 것이지만 (우리를) 화나게 하는 문제 중 하나가 독도 문제"라며 "그 문제를 해결하기 위해 섬(독도)을 폭파해 없애고 싶다."라고까지 심경을 토로하면서 해당 문제가 양보할 수 없는 사안임을 표명했다.

191 「일본 외무성 회담 의사록」, 1965년 4월 13일자, 1965년 6월 21일자.

이러한 1965년도의 한일기본조약에 대해 호사카 유지 교수는 일본이 사실상 독도를 포기한 협정이었다는 견해를 피력하고 있다.

전두환 정부는 독도가 분쟁 대상으로 인식되지 않도록 고립화시키는 전략을 구사했다. 독도를 천연기념물로 지정하였고, '독도는 우리 땅'을 금지곡으로 지정하는 등, 소극적 관리를 강화했다.

김영삼 정부 시기에는 4자회담, 6자회담의 분위기가 성숙되고 있었다. 때문에 일본과의 협력이 필요한 상황이어서 독도 문제를 유보하려는 전략을 구사했다. 1996년 6월, 제주도 한·일 정상회담에서 하시모토 일본 수상이 독도를 염두에 두고 "신해양법으로 인해 독도 영유권 문제와 관련된 여러 가지 문제가 발생될 것이 우려된다."라고 하였고, 한국 정부는 이에 대해 "영유권 문제와 어업 협정은 별개 문제로 해결하자."라고 답변했다.

김대중 정부는 출범과 동시에 금융위기에 봉착했다. 당시 한국 정부는 국제통화기금(IMF)의 관리하에서 일본의 금융 지원을 요청한 상황이었다. 그때 일본은 자국이 일방적으로 파기한 한일어업협정 대신 신한일어업협정을 체결할 것을 한국에 종용했다. 주요 내용으로 EEZ 설정, 동해 중간수역 설정, 전통적 어업 실적 보장 및 불법 조업 단속 등이 포함되었는데, 당시 한국 정부는 독도를 기점으로 삼지 않았고, 독도 기점 EEZ를 선포하지 않았다. 또 독도 해역을 '중간수역'이라고 정리함으로써 일본에 독도 영유권 주장의 빌미를 제공했다.

노무현 정부가 등장하면서 독도는 적극적인 공세 전략으로 전환했다. 일본은 2005년에 태평양 전쟁 종전 60주년을 맞아 안전보장상임이사국 진출을 시도했고, 평화헌법 개정을 위한 조치를 취하기 시작했다. 이러한 고이즈미 내각의 강력한 보수 편향적 정책 전환은 독도 야욕으로 표출되어 새로운 도발을 촉발시켰다. 이에 대응하여 노무현 정부는 일본의 독도 분쟁화 음모에 대응하기 위해 국제사법재판소 배제 선언을 하였다. 2006

년 4월 18일, 코피 아난 당시 유엔 사무총장에게 「강제 분쟁 해결 절차를 배제하기 위한 선언서」를 제출하였고, 당일로 이 선언서가 발효되었다고 발표했다. 한국은 유엔의 강제 분쟁 해결 절차를 따르지 않겠다는 의사를 표명하는 것으로 일본이 국제사법재판소에 제소하더라도 재판에 응할 의무가 없음을 천명했다. 또한 대통령이 직접 담화를 통해 〈독도 독트린〉을 발표하고 독도가 대한민국의 영토임을 천명했다.

피상적이고 언명적인 수준에 머물던 독도 수호 활동이 구체적이고 실천적으로 전환된 것은 이명박 정부 시기이다. 우선 독도 관련 예산을 배정하고 경상북도에 독도수호대책팀을 설치하여 독도 수호 활동을 위한 베이스캠프를 마련하였다. 공식적인 부서가 설치됨에 따라 그때까지 개인적인 수준에서 산발적으로 진행되던 독도 관련 연구와 활동들을 수합하고 정리하였으며, 전문가를 배치하여 조직적인 관리 체계를 갖추었다. 초기의 독도수호대책팀은 현재 독도정책관으로 승급되어, 관련 인원이 확충되고 업무 영역이 다양화되었다. 모도(母島)인 울릉도의 개발과 독도 어민 숙소 정비에 주력하여 독도 입도 인원이 폭발적으로 증가되었으며, 전국 역사·지리 교사 교육, 외국인 유학생, 원어민 교사의 독도 탐방 교육을 통해 국민적 인식과 제삼자의 인정을 확대하는 데 주력했다. 공무원 교육과정에 독도 교육을 넣었고, 울릉군은 독자적으로 독도 아카데미를 운영하여 전국 공무원을 대상으로 독도 교육을 실시했다. 동북아역사재단, 안용복재단과 협력하여 역사, 국제법, 생태, 해양생물, 정치, 문화 등 다양한 독도 수호 정책들을 주관하였다. 이로써 이명박 정부는 영유권 분쟁 수준에 머물던 독도정책을 본격적인 궤도에 진입시킨 것으로 평가된다. 특히 대통령이 직접 독도를 방문하는 '독도거사'를 행함으로써(2012년 8월 10일) 한·일 간 독도 영유권 논쟁에 종지부를 찍었다.

2) 중앙·지방정부의 대응

이어서 독도 문제에 대해 최근 중앙정부와 지방정부가 어떻게 대응해 왔는지 살펴보자.

그 전에 먼저 생각해 볼 것이 있다. 지금은 독도정책의 양질의 전환이 필요한 시점이다. 지금까지 행한 노력들을 정리하여, 보다 체계적이고 지속적인 대응책들을 구사해야 한다. 이를 위해서는 독도 관련 중앙부서와 지방의 담당 부서들이 협력해야 하고 체계적인 시스템을 마련하기 위한 정비를 해야 한다.

현재 독도 관련 중앙부서 및 기관은 외교통상부, 국회 국토해양위원회, 국방부, 국토해양부, 문화재청, 환경부 등이며, 지방정부 및 담당 부서는 경상북도 독도정책관, 경상북도 경찰청, 울릉군 등이다. 관련 부서가 많은 것은 정책의 다양성을 확보하고 정책적 오류를 줄일 수 있다는 장점이 있지만, 일본이라는 대응 상대가 있다는 점을 고려하면, 효율성이나 긴급 대응 측면에서 불편한 점이 있다. 예산 면에서도 부서마다 사업이 중첩되거나 중구난방으로 확대되어 필수 사업의 진척을 어렵게 하는 측면이 있다. 부서 간의 의견 대립도 문제이다. 독도의 개발 문제를 둘러싸고 생태 보전과 유지를 주장하는 환경부 등과, 독도 개발과 이용의 확대를 주장하는 경상북도, 울릉군 간의 이견으로 실행되기 직전의 사업들이 무산되거나 유보되는 경우도 많이 있다.

문제는 독도정책에서 목적성을 상실하고 있는 사업들이 많다는 것이다. 주지해야 할 것은 독도 관련 예산이나 정책은 독도 영유권을 입증할 수 있는 증거나 자료들을 발굴하거나 만드는 데 합목적적이어야 한다는 점이다. 가령, 독도에서 이벤트를 하거나 구조물을 설치할 때 그것이 국민적 인식을 확산시키는 사업 또는 제삼자의 인식을 확대하는 사업에 해당하느냐를 따져 보아야 한다. 시설물을 보강한다면 그것이 배타적 경제수역을 가진 섬의 조건을 갖추는 데 필요한 것인가의 여부를 확인해야 한다. 또 가령 독도 이장 김성도 씨의 경제활동을 허락해야 하는가의 여부를 판단해야 할 경우, 김성도 씨의 경제활동이 유엔해양법협약 제121조 제3항에서 규정한 자체 경제생활이 가능한 섬이어야 배타적 경제수역을 가진다는 조항에 주목해야 한다.

중앙부서들 가운데 독도 문제에 가장 민감하고 책임성 있는 부서는 외교통상부이다. 외교통상부는 독도에 대한 인식을 확산하고 일본 주장의 부당성을 알리기 위해 노력한다. 평시에는 독도 홈페이지와 독도 앱(App)을 관리하고 독도 관련 홍보책자를 제작·배포하는 노력을 한다. 일본 정부의 독도 도발 발언이나 일본 민간의 도발 등 비상시에는 즉각적이고 유효한 대응을 하며 정부의 공식 입장을 대내외에 공표한다.[192]

국회 국토해양위원회는 대한민국 영토로서 독도를 항구적으로 보존·관리하기 위한 방안의 하나로 '독도의 지속가능한 이용에 관한 법률 일부 개정 법률안'을 의결하는 등 독도 수호 활동을 적극적으로 지원하고 있다. 국가 또는 지방자치단체가 독도와 관련된 연구·조사 또는 홍보를 수행하는 데 필요한 비용의 전부 또는 일부를 지원할 수 있도록 법률을 제정하며 독도의 지속가능한 이용을 위한 기본계획 수립에도 참여하고 있다.[193]

독도 수호에서 가장 중추적인 부서는 국방부이다. 독도 문제는 영토 문제이다. 군사력이 뒷받침되지 않으면 수호 및 관리가 불가하다. 독도함을 중심으로 한 해군력과 대구비행장의 F-15K 비행단의 공군력이 중심이 되어 독도 해역을 지키고 있다. 일본의 기습상륙에 대비하여 독도에 주둔하

192 구체적인 활동 내용은 '외교통상부 독도' 홈페이지(http://dokdo.mofat.go.kr)를 참조.

193 기본계획은 독도와 연계한 관광 촉진, 독도 거주민의 지원, 독도 취항 선박 지원, 독도 주변 해양과학 연구를 위한 시설물 설치, 독도 관련 민간단체 지원, 독도 관련 교육과 홍보 활동에 관한 사항을 포함한다.

그림 39 독도방파제 및 부대시설 조감도(계획)[194]

면서 방위를 담당하고 있는 것은 경상북도 경찰청의 해양경찰부대이다.

해병대 병력이 독도 방위를 담당해야 한다고 주장하는 인사들도 있지만, 독도 문제를 문제 아닌 것으로 정리한 우리의 입장에서 경제적 우방국인 일본을 적대시할 필요는 없다는 차원에서 독도에 전투 병력을 주둔시킬 필요는 없다.

국토해양부는 독도 시설물 건설과 개발·유지·관리를 담당하는 부서로서 독도 관련 사업을 총괄하고 있다. 국토해양부는 독도 개발과 관련하여 종합계획을 수립하고 예산 편성 및 시공을 주관한다. 방파제, 수중정원, 수중관람실 등을 조성하고, 독도의 동쪽 섬(동도)과 서쪽 섬(서도)을 잇는 200m 길이의 연결로를 만들 필요성이 제기되고 있는 상황에서 국토해양부는 이들 사업의 수요에 대해 검토하여 결정하고, 만약 사업 추진이 결정되면 사업 진행을 담당하게 된다.

독도 종합해양과학기지 건설 등 독도 개발·활용 사업도 국토해양부의

194 「동아일보」, 2011년 11월 25일자.

그림 40 독도 종합해양과학기지 조감도(계획)[195]

소관이다. 교육과학기술부 등 다른 부서들과의 협력해야 할 사업으로 상당한 정도 논의가 진척되었다. 해당 사업은 국회 독도 특위 소속 의원들과 국토해양부, 교육과학기술부 등 정부 부처가 협의하여 결정한 바 있지만, 아직 구체적인 사업 진행은 이루어지지 않고 있다. 독도 종합해양과학기지는 이어도 해양과학기지, 가거초 해양과학기지에 이어 국내에서 세 번째로 건설되는 대규모 종합해양과학기지로서 독도 수호뿐만 아니라 동해의 해양, 기상 상태 관측을 할 수 있는 기지이다. 이는 영유권 문제를 넘어 국제사회가 독도를 함께 활용할 수 있는 계기를 마련하는 시설로,

195 「동아일보」, 2011년 11월 25일자.

이 건설 사업은 반드시 이루어져야 한다.

대한민국의 땅, 독도를 많은 사람들이 이용하고, 그들이 독도가 한국의 영토임을 인정하게 된다면, '제삼자에 의한 인정'이라는 국제법적 구성요건이 자연스럽게 갖추어진다. 이를 위한 대표적인 사업 사례 중의 하나가 독도헬기장이 국제민간항공기구(ICAO)로부터 지명 약어(Location indicator)를 배정받아 공식 등록된 것이다. 공식 등록된 지명의 약어는 'RKDD'로, 대한민국을 뜻하는 'RK'와 독도(Dokdo)의 'DD'를 합성한 말이다. 독도가 민간항공기구 지명에 등록됨에 따라 외국 항공기들이 독도의 헬기장을 이용할 경우, 통신언어로 지명 약어를 사용하게 된다. 이때 항공사 당국과 항공기들은 'RKDD'라는 이름으로 독도를 부르게 된다.

지방정부 차원에서 독도 관리 및 관련 사업을 직접 담당하고 있는 주체는 경상북도이다. 경상북도는 독도가 소재하고 있는 지방정부로서 독도 관리에 대해 일차적인 책임이 있다. 경상북도의 독도정책관이 주무부서로서 울릉군, 독도 관련 유관기관과 협력하여 독도 사업의 계획과 예산편성, 그리고 실행을 담당하고 있다. 경상북도의 입장에서 독도는 책임과 의무의 대상인 동시에 사업성을 가진 상품이다. 매년 독도를 방문하는 이의 수가 증가하고 있고, 이는 울릉도를 비롯하여 지역 경제에 큰 기여를 하고 있다. 독도 해역에 대한 해산물 채취권을 비롯한 독도 이용에 관한 사항은 울릉도와 울릉도 어업계에서 관장하고 있다. 이와 관련하여 경상북도는 독도를 상표 출원하여 활용한다는 계획을 수립하고 있다. 예를 들어, 독도 전복·소라, 독도 미역 등을 상표 등록하여 지방정부의 보증으로 상품의 브랜드 이미지를 제고하고 신뢰도를 높인다는 계획이다. 이를 위해서는 해외 지식재산권 분쟁에 대비해 해외상표 출원 등이 필요한데, 이 과정에서 독도는 자연스럽게 대한민국의 독도로서 국제사회에 홍보, 각인될 것으로 기대한다. 최근 울릉도민 77명을 주축으로 '독도 전복·소라 생산자 영어조합 법인'이 설립되었고, 미국 특허청에 정식으로 해외상표 출원을 완료했다. 이러한 활동은 '독도'라는 명칭에 지식재산권을 부여하여 독도를 둘러싼 일본과의 향후 영토 분쟁에 선제적으로 대응하고, 우수한 독도 특산품의 해외시장 인지도 상승으로 지역주민의 소득 증대에도 크게 기여할 것으로 기대된다. 이 외에도 경상북도는 지식재산권 기반 구축을 위해 2012년에 4억 5,000만 원을 투자하여 200개 업체에 대한 특허정보 컨설팅 지원, 지역 브랜드 및 디자인 개발 등 다양한 시책을 추진하는 등 각고의 노력을 기울이고 있다.

2. 독도의 관리와 예산

1) 독도 관리

대한민국 정부가 수립되면서 독도는 대한민국의 행정구역에 편입되었다. 독도의 최초 등록 주소는 '경상북도 울릉읍 도동리 산 42~76번지'였다. 당시는 '독도'라는 명칭이 주소에 없었는데, 그 후 몇 차례의 변화 과정을 거쳐 주소에 '독도'가 명문화되고 독도의 지위도 부여되었다. 주소에 '독도'라는 명칭이 처음 사용된 것은 2000년도 개칭 때이다. 이때 '경상북도 울릉군 울릉읍 독도리 산 1~37번지'로 바뀌었다. 2005년도에는 '산 1~37번지'의 지번이 '1~96번지'로 변경되었다. 이로써 김성도 이장 등 독도 주민들의 독도 거주가 법률적으로 보호받을 수 있게 되었고, 유엔해양법협약과 관련하여 제121조 제3항에 명시된, 배타적 경제수역을 가질 수 있는 조건인 '사람의 지속적인 거주' 근거를 행정적·법적으로 구비하게 된 것이다.

이명박 정부 시기에 독도의 주소는 다시 개편되었다. 도로명 주소 제도가 전면 시행되면서 2011년도에 독도는 '경상북도 울릉군 울릉읍'에 '독도이사부길', '독도안용복길'이라는 새 주소를 부여받았다. 행정구역 명칭에 '독도'라는 직접적인 이름이 포함되어 있으며 독도와 관련된 인물 '이사부'와 '안용복'의 이름을 담고 있어, 대한민국의 영토임을 분명히 하는 행정적 정책이 되었다고 평가된다. 이로써 독도는 주소와 우편번호(799-805)를 가진 대한민국의 영토로서, 배타적 경제수역을 가지는 완전한 섬이 되었다. 또 대한민국이 독도에 대해 법률적인 실효적 지배를 하고 있음을 대내외적으로 법적으로 명문화했다.

2) 독도 예산

한국 정부의 독도 예산도 매년 증액되고 있다. 중앙정부와 지방정부, 그리고 민간 부문에서도 독도 관련 지출 비용이 증대되고 있다. 문제는 소모성 예산의 증가이다. 영유권 관련 문제에서 한국 정부의 입장이 정해졌고 독도 영유권에 대한 국민적 인식이 거의 100% 수준에 도달했기 때문에 독도 사업의 유형과 규모를 조정할 필요가 있다. 정치인들의 이벤트성 방문이나 무분별한 문화행사들을 자제하고 독도 개발과 해외홍보 확대 방향으로 예산을 집중해야 한다. 향후 정부 차원에서는 역사, 법, 정치, 생태 연구와 자료 발굴 등의 영유권 확보 관련 예산과 독도 구조물 설치, 인근 해양 과학탐사, 해양개발 등 배타적 경제수역의 조건 관련 예산으로 나누어 대규모의 예산을 편성하여야 할 것이다.

현재 운용되는 독도 예산을 부문별로 살펴보면 다음과 같다.

(1) 행정 예산

독도 관리를 위한 행정 예산은 경상북도의 독도정책관(구 독도정책과)에서 관장하고 있다. 주요 내역으로는 독도 거주 민간인 지원, 독도 주민 숙소 운영, 독도 관리선 운영 지원, 독도 현장관리사무소 설치 및 운영 등이 있다.

경상북도에서 작성한 세출예산 사업명세서를 보면, 2009년도의 예산 총액은 약 110억 원이고, 그중 35%에 해당하는 약 39억 원(3,911,285,000원)이 행정 업무에 사용된 것으로 나타난다. 2010년도에는 예산 총액 약 110억 원(11,892,001,000원)의 47%에 해당하는 약 55억 원(5,537,001,000원)이 행정 예산에 할당되었다. 2011년에는 예산 총액의 약 88억 원(8,874,001,000원)의 13%인 약 12억 원(1,287,001,000원)이, 2012년에는 예산 총액인 약 71억 원(7,117,850원)의 29%에 해당하는 약 21억 원(2,114,500,000원)이 각각 사용된 것으로 나타난다.

예산 배정의 추이를 보면 독도 관련 예산이 갈수록 감소하고 있음을 알 수 있다. 이는 독도 사업 초기 2년 동안은 그 기반을 마련하는 데 필요한 예산이 많이 소요되었고, 2년이 지난 시점에서는 기반이 어느 정도 잡혔다는 것을 보여 준다. 그러나 한편으로 경상북도 독도정책관의 예산이 감소한 것은 독도 사업 관련 부서가 많아짐으로써 예산이 분산되었다는 점도 시사하기도 한다. 경상북도의 경우, 독도재단(구 안용복 재단)을 설립하는 등 독도 사업의 주체를 다양화하고, 다양한 사업의 발굴, 각종 민간 단체의 출현으로 행정 예산의 비중을 상대적으로 감소시키게 되었다.

표 9_경상북도의 독도 행정 관련 예산 (단위: 원)

구분	2009년	2010년	2011년	2012년
행정	39억 (3,911,285,000)	55억 (5,537,001,000)	12억 (1,287,001,000)	21억 (2,114,500,000)
총액	110억 (11,243,285)	110억 (11,892,001,000)	88억 (8,874,001,000)	71억 (7,117,850,000)
비율	35%	47%	13%	29%

(2) 개발 예산

독도가 하나의 정책 상품이자 정치적 상품으로 부상하게 되면서 예산 집행 주체가 다양화되고 사업도 활기를 띠게 되었다. 그것의 긍정적인 측면으로는 독도에 대한 관심을 높였다는 점을 들 수 있을 것이고, 부정적인 측면으로는 각 부처의 사업이 중복되어 예산의 낭비가 이루어지고 있다는 점을 들 수 있다.

그럼, 독도의 개발 관련 사업을 진행하고 있는 부처별로 해당 사업과 그 예산을 살펴보자.

먼저 국토해양부가 독도 관련 사업을 진행하고 있다. 국토해양부는 2012년도에 독도의 모도(母島)인 울릉도 개발 사업을 독도 관련 사업으로 예산을 편성했다. 항목은 여객·해군·해경선박 접안시설 및 방파제를 건설하는 울릉도 사동항 2단계 개발 사업, 국지도 90호선 울릉군 북면-울릉읍 미개통 구간(4.4km)을 개설하는 일주도로 건설 사업인데, 각각 204억 5천만 원과 90억 원을 반영하였다. 독도 해양 생태계의 장·단기 모니터링을 위해서 73억 원을 편성하였다.

둘째, 환경부도 독도 관련 사업을 펼치고 있다. 환경부는 독도 자연생태계 정밀조사, 독도 자연생태계 모니터링 및 외부 유입종 조사, 독도 바다사자 복원 사업, 울릉도·독도 기상감시소 설치 등의 사업을 담당한다. 이에 편성된 예산의 구체적 내용은 다음과 같다.

표 10_환경부의 독도 관련 예산 (단위: 만 원)

사업명	사업 기간	총 사업비	'07년 이전	'08년	'09년	'10년 이후
계	·	13,216	187	171	341	12,517
독도 자연생태계 정밀조사	2005년 4월~ 2006년 3월	56	56	-	-	-
독도 자연생태계 모니터링 및 외부 유입종 조사	2007년~ 2014년	900	71	71	71	687
독도 바다사자 복원 사업	2006년~ 2015년	2,260	60	100	80	2,020
울릉도·독도 기상감시소 설치	2009년~ 2012년	10,000	-	-	190	9,810

셋째, 해양수산부(구 농림수산식품부)도 독도 관련 사업을 하고 있다. 농림수산식품부는 경북어업기술센터 울릉지소가 주관하여 진행하는 홍해삼 종묘 생산 사업에 2012년에 20억 원을 편성하였다. 홍해삼은 독도, 울릉도 등 주로 수심이 깊고 암반으로 형성된 곳에서만 자라는 종으로, 그 브랜드 가치가 높아 상품성이 있다. 이것이 독도 영유권과 관련된 의미는 국산 품종을 독도에 배양하여 경제적 수익을 창출함으로써 실효적 지배의 정당성을 확보할 수 있다는 것이다.

넷째, 국방부·경찰청도 독도 수호를 위해 애쓰고 있다. 일본 정부의 보수우익 성향과 군비 증강 추세에 따라 독도 수비를 강화해야 할 필요성이 제기되고 있다. 이에 따라 다양한 수준에서의 전력 증강이 필요한 상황이다. 국방부에서는 독도 유사상황 발생 시에 긴급대처를 하기 위해 울릉 주둔 해군 118전대의 헬기 항공기지를 대폭 확장할 계획을 마련해 두고 있다. 링스 헬기와 UH-60(블랙호크) 헬기대를 추가 배치하고, 앞으로 울릉신항에 해군 차세대 호위함이 전진 배치하는 등 울릉도·독도의 안보전력을 강화할 예정이다. 이와 관련하여 국방부는 2012년에 예산 75억 원을 확정·제출하였다. 경찰청도 그동안 관리가 제대로 이뤄지지 않았던 독도 주둔 시설들을 대대적으로 손질하고 환경을 개선하는 데에 12억 원을 투입하였다.

다섯째, 기상청도 독도 관련 사업을 진행하고 있다. 독도의 실효 지배와 관련된 국가 행위 가운데 중요한 하나가 기상관측과 기상예보이다. 특히 해상 상황 예보는 독도 항로뿐만 아니라 독도 해역의 조업에도 큰 영향을 준다. 중국의 경우, 일본과의 조어도 분쟁을 진행하면서 조어도 일대의 기상예보를 시작하였다. 이는 실효 지배와 관련한 구체적인 국가 행위의 근거를 마련하려는 시도이다. 2012년 기준, 기상청은 독도 해양기상관측부의 설치와 운영에 8억 5천만 원, 울릉도·독도 기후변화 감시소 설치에 68억 원의 예산을 확정한 바 있다.

(3) 홍보 예산

독도 홍보의 목적은 다음의 두 가지 조건을 충족시키는 것이다. 하나는 독도 영유권에 대한 국민적 인식을 제고하는 것이다. 이를 위해 독도에 대한 관심을 유발하고 독도에 관련된 지식을 전달하고 홍보한다. 또 다른 하나는 제삼자의 인식을 확대하는 것이다. 일본이 독도 야욕을 포기하지 않고, 한·일 양측이 제시하는 주장이 문제 해결을 도출하게 할 수 없을 경우에는 제삼자의 인정이 중요한 판단기준의 하나가 될 수 있다. 때문에 국제사회에 독도 문제의 진실을 알리고 세계인들의 인식을 개선하고 확대하는 활동을 전개해야 한다.

각 부처는 이 같은 목적을 달성하기 위해 해당 부처의 업무 영역과 실정에 맞는 홍보 사업을 진행해야 한다. 실제로 해당 사업이 준비되거나 진행되고 있고, 이를 위한 예산이 편성되고 있다.

우선 지방정부 차원에서 경상북도는 독도 예산 가운데 행정 분야 예산을 제외한 대부분을 홍보 예산으로 편성하고 있다. 각종 홍보물의 제작, 독도 문화행사 지원, 세미나 및 학술토론대회 지원, 유학생 및 원어민 독도 행사 지원, 일본 도발에 대응한 홍보 활동, 반크(VANK: Voluntary Agency Network of Korea)와 같은 민간단체의 활동 지원 등에 예산을 투입하고 있다. 최근에는 단계별 홍보 전략에 따라 국내의 국민적 인식 제고, 국내 거주 외국인, 해외 교포, 해외 외국인 등으로 홍보 대상의 범위를 확대하고 있다.

표 11_경상북도의 독도 홍보 관련 예산 (단위: 원)

구분	2009년	2010년	2011년	2012년
홍보	73억 (7,332,000,000)	63억 (6,355,000,000)	75억 (7,587,000,000)	50억 (4,932,450,000)
총액	110억 (11,243,285)	110억 (11,892,001,000)	88억 (8,874,001,000)	71억 (7,117,850)
비율	65%	63%	87%	71%

둘째, 중앙정부 부처로서 환경부는 주로 독도 관련 화보집 발간이나 독도 자연생태계 홍보 교육 센터 건립 등에 예산을 확보하여 사용하고 있다. 세부 내용은 다음과 같다.

표 12_환경부의 독도 홍보 관련 예산 (단위: 만 원)

사업명	사업 기간	총 사업비	'07년 이전	'08년	'09년	'10년 이후
계	·	13,216	187	171	341	12,517
독도 영문 화보집 발간 및 배포	2006년 11월	120	120	-	-	-
• 독도 지연생태계 국내외 홍보 • 독도 사진 및 생태 전시회 개최 • 람사르 총회 독도 홍보관 운영	2008년~2010년	320	-	50	50	220
국립 울릉도 독도 생태 연구 교육 센터 건립	2009년~2012년	40,000	-	-	300	39,700

셋째, 그 외의 중앙정부 부처로 문화체육관광부와 교육과학기술부, 국가보훈처, 외교부 등에서도 독도 홍보를 위한 사업을 벌이고 예산을 마련하여 사용하고 있다. 문화체육관광부가 어린이 청소년을 위한 독도 체험관 운영에 5억 원의 예산(2012년 기준)을 편성하였고, 교육과학기술부는 독도 교육 홍보관과 영토 영해 거점센터 건립에 대한 예산으로 각각 10억, 2억 1,600만 원을 편성하였다. 국가보훈처에서는 2012년 기준으로 독도의용수비대 기념관 건립에 73억 7,600만 원 예산을 편성하였다. 그런데 외교부의 2012년 전체 예산이 1조 5천억 원이었는데, 그중 동해 외교에 할당된 금액이 5천만 원이다. 이 예산은 일본의 일본해 주장에 맞서는 동해 표기 문제에 관련된 외교 비용도 포함된 것이어서, 외교부에서 독도 관련 사업에 실질적으로 배정하여 사용한 금액은 훨씬 적다.

정부의 공식적인 독도 관련 예산 이외에도 여러 차원에서 벌어지는 독도 수호 활동에 엄청난 액수의 비용과 기회비용이 소요되고 있다. 특히 기업, 민간단체나 개인 차원에서 독도 수호 활동이 활발하게 전개되고 있어서 일일이 그 비용을 산정하기가 어려운 상황이다. 예를 들어, 기업 삼성은 많은 돈을 들여서 울릉도에 독도박물관을 건립했고, 가수 김장훈은 해외 언론에 독도를 홍보하는 데 개인적으로 많은 비용을 지출하고 있다.

민간단체 중 가장 활발하게 활동하는 대표적인 단체는 반크이다. 반크의 사업 대부분은 독도를 포함한 한국의 홍보 및 국가 이미지 제고 사업인데, 그중 독도 홍보 예산은 연간 5,000만 원 정도이다. 반크는 정부 지원뿐만 아니라 외부 지원을 많이 받고 있다. 대교와 롯데칠성음료로부터 1,750만 원을 후원받았고, 웨스트우드로부터 1,000만 원 정도의 독도 사랑 기금을 받아서 활동한다.

반크 외에도 대한민국 독도향우회(독도수호전국연대)도 활발히 활동하고 있다. 이 단체는 매년, 시마네현이 제정한 다케시마의 날(2월 22일)의 하루 전날에 일본 본토에서 일본에 항의하는 등의 활동을 한다. 독도향우회의 연간 예산은 1,500만 원 정도인데, 전액 자부담으로 충당하고 있다.

개인적 차원에서는 가수 김장훈 씨의 활동이 독보적이다. 김장훈 씨는 대중문화예술인의 사회적 참여와 기부 문화의 아이콘으로 알려져 있는데, 지금까지 그가 독도 홍보를 위해 기부한 금액은 대략 10억 원에 달한다. 이 중 상당 부분은 미국 주요 언론에 독도와 동해를 홍보하는 데 할애하고, 반크의 해외홍보비 지원, 호사카 유지 교수(세종대)의 독도 교육 지원에 사용하고 있다. 특정 단체나 사람뿐만 아니라 독도에 대한 범국민적 관심이 증대함에 따라 독도 여행에 투자되는 민간자본의 규모도 점차 커지고 있다.

3. 독도 홍보 사업과 국민적 인식 제고

독도 홍보 사업은 다양한 수준에서 여러 사업들을 통해 전개되고 있다. 홍보 사업의 목적은 독도 영유에 대한 국민적 인식 제고와 제삼자의 인정 획득이 핵심이다. 국민적 인식 제고를 위한 사업을 통해 정부의 독도정책에 대한 여론을 형성하고 아이디어를 수집하고 정책을 도출하며, 정부정책의 지지 표명과 일본에 대한 대응 동참을 유도한다.

주요한 사업으로는 우선 독도 교육 사업이 있다. 이는 다음의 여섯 가지로 살펴볼 수 있다.

첫째, 독도 전시회이다. 교과부와 각급 교육청 주도의 독도 전시회가 열리고 있다. 독도 전시회는 역사와 과학을 접목시킨 입체적·종합적 전시회가 열리는데, 중·고등학교나 대학교 학생뿐만 아니라 일반인들의 참여도도 높다. 경상북도 독도정책관, 안용복재단, 지역 언론사(매일신문사 등), 경상북도 교육청 등이 주관하는 순회특강과 전시회도 정기적으로 개최되고 있다. 경북대학교, 영남대학교 등에서는 독도의 자연 전시회, 독도 사진전 등 주제별 전시회가 개최되고 있다.

둘째, 독도 교육을 위한 교재와 다큐멘터리 CD의 보급 사업이다. 교과부는 학생 수준에 맞춘 독도 부교재, 독도 다큐멘터리 CD 등을 개발·보급하였다. 2013년 3월부터 다양하고 내실 있는 독도 교육이 이루어지도록 전국 모든 중학교 3학년 학생과 고등학교 1학년 학생에게 독도 학습 부교재를 보급했으며, 4월에는 전국 초등학교 6학년 학생 전원(70만 부)에게 보급했다. 또한 독도 탐방 등 체험 중심의 독도 교육 실천 기회도 제공, 확대하여 학생들에게 독도에 대한 올바른 인식을 심어 주고 있다.

셋째, 독도지킴이 거점학교와 독도 아카데미를 운영한다. 교과부와 시·도 교육청이 주관하여 체험 중심 독도 교육이 가능하도록 생활 주변에서 독도 사랑을 실천하는 국내외 독도지킴이 거점학교를 공모하는 사업을 진행했다. 국내 62개교(초 30교, 중 16교, 고 16교), 해외 한국 학교 3개교 등 총 65개교를 선정하였고, 독도 아카데미를 운영하여 연간 700명 학생들이 독도를 직접 탐방할 수 있는 기회를 마련하였다.

넷째, 교사들의 독도 연수 및 온라인 교육 사업이다. 경상북도는 독도 관련 교과목을 지도하는 역사·지리 교사들을 전국에서 선발하여 독도 교육을 실시하고 있다. 전문가의 독도 강의, 독도 탐방, 그리고 독도 교육의 경험을 발표하고 토의하는 프로그램을 진행하면서 독도 교육 전문가 양성에 주력하고 있다. 2013년에는 영남대학교 독도연구소 주관으로 독도 해설사 과정을 운영하여 제1기 독도 해설사들을 배출하였고, 이들 중 상당수는 초·중등학교 학생들의 독도 교육에 참여하고 있다. 정부 차원에서는 2013년 2월부터 교원 대상으로 교육과학기술연수원 홈페이지에 '찾아가는 사이버 독도 교실' 온라인 연수를 개설하고 있다. 2012년에 총 1,183명의 교원이 이수한 데 이어, 2013년에는 4,400여 명의 교원이 과정을 이수할 수 있도록 하였다. 교육 일선현장에서 학생들에게 영향을 가장 많이 미칠 수 있는 교원들에게 독도에 관한 교육을 실시함으로써 좀 더 수준 높은 독도 교육이 이루어지게 도와준다.

다섯째, 독도에 대한 순회 교육이다. 경상북도 교육청, 안용복재단, 매일신문사가 협력하여 중·고등학교를 순회하며 독도 교육을 실시하고, 우수한 학생들을 선발하여 독도 체험의 기회를 준다. 독도 전문가 특강, 전시회, 독도 노래, 독도 퀴즈 등 다양한 프로그램을 운영하고 있으며, 참여자들의 호응도가 높다. 독도 순회 교육은 청소년들에게 책임감과 존재감을 고양하는 기회가 되고 있다. 독도가 국민 통합의 아이콘으로 기능할 수 있음을 보여 주는 사례이다. 향후 독도 교육은 독도 영유권에 대한 국민적 인식을 제고하는 수준을 넘어 영웅이 사라진 시대에 영웅을 대체할

공동의 지향으로 활용될 수 있을 것이다.

여섯째, 외국인 유학생과 원어민 교사들을 대상으로 한 독도 교육이다. 제삼자의 인정 획득과 확산이라는 측면에서 유용하다. 교육에 참여한 유학생, 교사들은 SNS나 메일을 통해 사진들과 함께 독도를 알리고 있어, 독도뿐만 아니라 한국 및 한국인에 대한 이해를 높이는 데 자연스럽게 기여한다. 현재 경상북도 독도정책관을 비롯한 몇몇 기관에서 외국인 초청 프로그램을 실시하고 있으며, 독도등대지기 체험 행사도 진행한다. 이와 같은 프로그램을 체험한 외국인 유학생의 경우, 장래 대한민국의 독도 지지자로서 역할을 할 수 있을 것이다.

맺음말

영원한 '대한민국의 독도'

미국 버지니아주 의회에서 동해 명칭 병기 법안이 최종 통과되었다는 소식이 있었다. 축하하고 기뻐할 일이다. 미국인의 한국과 일본을 대하는 시각을 일본 편향적이던 것에서 원점으로 돌린 계기가 마련되었기 때문이다. 이제 시작이다. 승리했다는 사실보다 전쟁의 폐허, 유일한 분단국가 한반도에 대한 세계인의 관심이 새로워졌다는 점이 더 고무적이다. 아직은 멀고 험한 일정이 되겠지만, 희망의 싹을 본 것이다.

동해 지명의 문제는 독도 문제와 같은 연장선상에 있다. 독도를 품은 바다가 동해이기 때문이다. 일본의 절대적 지지자였던 미국 사회가 가치중립적인 입장을 가지기 시작했다는 것은 그동안 독도 문제에서 가장 큰 외압이었던 것 중 하나가 해제될 수 있다는 신호이다. 왜냐하면 일본의 독도 영유권 주장의 근거에는 〈샌프란시스코 강화조약〉, 미일안보조약, 신미일안보지침, 유사사태법 등이 있었고, 그 이면에는 미국의 지지가 있었기 때문이다. 이제 원점에서 공정한 게임을 할 수 있는 토대가 마련되었다. 영토 분쟁 게임은 결국 정치게임이라고 볼 때, 대한민국의 역량이 그만큼 강화된 것이라는 자부심을 가져도 좋다.

국제사회는 이미 초국가시대로 진입하고 있다. 국경 개념의 약화 현상은 지구촌 사람들에게 이미 보편화된 인식으로 자리 잡았다. 문화 국경은 물론이고 정치 국경조차 구분이 무의미해질 정도로 국경지대를 중심으로 새로운 형태의 집단공동체들이 형성되고 있다. 유럽처럼 국가 자체가 통합되는 수준은 아니라 하더라도 각 국경지역에서 일어나는 교류의 빈도는 높아지고 그 속에서 국가 간의 스며듦은 더욱 강력해져, 국가들은 각종 안보레짐이나 경제기구가 무색할 정도로 일체화되고 있다. 이러한 현상을 두고 일부 전문가들은 세계화의 조류가 근대 국경 개념을 소멸시키고 있다고 분석하기도 한다. 그러나 아직 해양에서의 상황은 그렇지 못하다. 내륙에 비해 상대적으로 협력 조건들이 미약하기 때문에 세계화가 가진 통합의 속성들이 적용되지 않고, 오히려 경계(line) 설정을 둘러싼 분쟁이 증폭·분화되는 현상을 보인다. 독도 문제가 지속되고 있는 이유도 바로 그러하다.

문제는 상대국 일본이다. 도서국가 일본은 근대 이후 아시아연대론과 탈아시아론을 두고 저울질해 온 '눈치국가'이다. 마키아벨리가 『군주론』에서 언급한 바와 같이 목적을 위해서는 수단과 방법을 가리지 않는 군주의 모습이 바로 일본의 모습이다. 그런 일본이 인류를 전쟁의 참화 속으로 몰더니만, 여전히 그 악몽에서 깨어나지 못하고 있다. 독도에 대한 애착은 집착이고 '잘못된 짝사랑'임을 일본은 아직도 깨닫지 못하고 있다. 어쩌면 독도는 일본의 일부 정치인들의 망상이 만든 허상일지도 모른다. 그럼에도 불구하고 많은 일본인들이 이 허상의 구렁텅이에 매몰되고 있는 현실은 아픔이다.

독도는 인간사회의 희로애락을 담은 아이콘이다. 이것을 클릭하게 되면 역사와 현재가 파노라마처럼 펼쳐지고, 그 속에는 미래의 싹도 트고 있다. 독도를 들여다보면 세상이 보이고 우리의 삶이 보인다. 갓 태어난 아이가 끊임없이 손을 휘젓는 이유는 공간을 확인하려는 것이다. 어머니의 자궁에서 벗어나 더 넓은 공간을 차지하였다는 데 대한 기쁨이자 확인이다. 그런 아이가 가정이라는 공간, 학교사회의 공간, 직업 공간, 지역사회 공간, 국가 공간을 알게 되고 세상을 인식한다. 생존공간을 확인한 시점이 되면 인간은 자신의 공간을 마련하는 데에 집착하게 되고 자신만의 공간을 마련하는 데에 평생을 마친다. 결국 인간 삶의 목적은 공간과 떼어 생각할 수 없다. 독도 역시 마찬가지이다.

독도 문제는 본질적으로 생존공간의 문제이다. 인간이 가진 시간과 공간이라는 조건에서 시간은 만인에게 공평하게 주어진 조건이다. 누구에게나 하루는 24시간이고 한해는 365일이다. 공간은 그렇지 않다. 사람들은 저마다 태어나면서부터 다른 공간조건을 가진다. 우선 출생한 가정의 공간과 사회의 공간이 저마다 다르다. 나아가서 지역과 국가라는 공간이 저마다 다르다. 따라서 시간은 인간의 삶에 영향을 미치는 조건 가운데 상수로 다루어져도 좋지만, 공간은 그럴 수 없다. 결국 삶의 질을 결정하는 것은 공간이다. 개인 수준에서는 생활 공간, 업무 공간, 지역사회가 그 개인의 생존방식과 삶의 형태에 영향을 줄 것이고, 국가 수준에서는 그 국가가 차지하고 있는 영토, 영해, 영공의 크기나 위치에 따라 국가의 존속과 발전이 달라질 것이다.

개인은 국가와 떼려야 뗄 수 없다. 개인 수준에서 공간의 질과 크기는 국가 차원에서 결정되며, 따라서 개인의 삶의 질은 국가 공간에 따라 좌우된다. 그 단적인 예가 독도이다. 러일전쟁 시기, 일본이 독도를 불법 점유하면서 독도라는 국가 공간이 소실되었다. 독도의 소실은 한반도 공간 전체의 소실을 가져왔고, 결국 국가 공간의 소실은 개인 공간의 소실로 이어졌다. 그 후 지금까지 공간을 상실한 한반도가 겪은 풍상은 필설로 다하지 못할 정도다. 일본의 경우는 반대 입장에서 같은 경험을 하였다. 공간을 강탈하는 것이 얼마나 많은 국가이익을 창출할 수 있는지를 알게 된 것이다. 독도의 강탈이 한반도의 강탈로 이어지고 만주의 강탈로 이어졌다는 사실을 기억하고 있는 것이다.

문제는 일본의 상황이다. 과거 일본이 침략했던 아시아 이웃국가들이 부상하면서 일본은 아시아 지역에서 고립화되고, 세상 사람들이 일본의 과거의 숨겨진 모습을 알게 되면서 '일등국민 일본인'이 '부끄러운 일본인'으로 전락하고 있다. 설상가상으로 일본 땅에는 천재지변까지 반복되고 있다. 가장 든든한 우방국이던 미국의 지지도 흔들리고 있다. 또 일본이 가장 괴롭혔던 한국과 중국이 강력하게 부상하고 있다. 일본은 그야말로 사면초가에 처하게 된 것이다.

일본 정치인이 독도 문제로 도발하는 이유는 자국의 현실에서 탈출하고 싶기 때문이다. 자포자기적 현실과 자기중심적 일본인들을 환각 상태에 빠트려 미래·세계적 이슈로 유인하려는 의도이다. 일본인의 성향은 대체로 개인주의적이면서 집단에 대해 순종과 체념이 동시에 작용한다는 특징이 있다. 때문에 정치가 이들을 자극하거나 부추기지 않으면 '자기와 현재'에 안착하면서 살아간다. 이는 사무라이 일본의 역사가 만든 관습이며, 막부 시대를 거치면서 고착화되었다. 도서국가라는 지정학적 특성도 국민성에 영향을 끼쳤다. 고립된 집단공동체 속에서 개인은 파편화되어 존재할 수밖에 없었고, 인위적인 현상도 자연적인 현상으로 치부하여 천명으로 받아들일 정도로 숙명론에 길들여졌다. 많은 일본인들을 만나 보면, 그들은 남에게 불편함이나 피해를 주지 않으려는 배려와 예의, 절도가 존경스러울 정도로 철저하다. 이는 궁극적으로 남과의 거리를 유지하려는 의도이고 남을 부담스러워한다는 방증이다. 일본에서 사회주의 운동이 뿌리를 내리지 못하는 것이나 종교가 정착하지 못하는 이유도 마찬가지이다. 철저한 자기매몰의 습관 때문에 더불어 사는 것, 함께하는 것에 대해 익숙하지 않은 것이다. 때문에 일본인들의 관심은 자신과 자신의 가족, 그리고 현재적인 것에 한정된다. 정치인의 입장에서 이러한 풍조는 정치 참여의 저조를 초래한다는 점에서 위험한 상황 조건이다. 자칫 '지금 내가 나의 일만 하면 미래의 우리가 보장된다.'라고 생각하여 국가사업이나 미래 준비에 무관심하게 될 수도 있다. 농부가 정성스럽게 손질한 밭이 전쟁에 의해 초토화되고, 지방공무원의 계획이 국가정책에 의해 물거품이 되고 만다는 사실을 의식하지 않게 되는 것이다. 이것이 지금 일본인의 성향이고 일본의 전반적인 분위기이다. 일본 정부가 적극적으로 교과서 문제에 개입하고, 초·중·고 교과서에 독도를 일본 땅이라고 명기하는 것도 일본인들의 자기중심적 성향이 일정 수준을 넘었다는 것을 방증한다.

영유권 문제에서 가장 기본적인 조건이 국민들의 영유권 인식이고 영유 의사이다. 권리의 주체가 대상물에 대한 영유 의사가 없으면 영유의 문제 자체가 성립되지 않는다. 최근까지 일본인의 대부분은 독도 문제를 인식하지 못했고, 일본 정부가 독도가 일본 땅이라고 주장한다는 사실조차 몰랐다. 그 원인은 바로 현재와 자기에만 관심 있는 일본의 국민성 때문이고 그런 일본인들에게 독도는 현재 자신의 문제가 아니기 때문에 관심 둘 필요가 없었던 것이다.

일본 정치인들의 발상은 이 지점에서 출발한다. 일반적으로 정치의 역할이 당면문제를 해결하는 것이지만, 지속적이고 장기적으로 권력을 유지하기 위해서는 미래적 이슈가 필요하다. 미래적 이슈는 현재화되고 개인화된 유권자들을 유인할 수 있는 구실이며, 장기적으로 지지 세력을 결집하고 국민 통합을 유도하는 데 유용한 수단이 된다. 이러한 정치인들의 의도는 로마클럽이 제출한 보고서 『인류의 위기』 서두에 언급된 '인간의 시야' 분포도에 잘 나타난다.[196] 사람들의 시야를 지리적인 폭과 시간적인

196 The Club of Roma, 金昇漢 譯, *The Limits to Growth*(삼성문화재단, 1972), p. 17.

폭으로 구분하여 보면, 대부분의 사람들은 현재와 자신에 한정되고 있고, 미래와 세상의 이슈에 관심을 가지는 사람은 아주 소수이다. 정치인들은 엘리트 의식 내지 우월 의식이 있기 때문에 자신들이 그 소수에 해당한다고 스스로 생각하고 있다. 일본 정치인들이 독도뿐만 아니라 조어도/센카쿠, 쿠릴열도/북방 4개 도서 문제를 이슈화시키고 있는 것은 그 때문이다. 자신들이 일본의 미래를 책임져야 할 소수이며, 자신들의 행위가 미래의 일본과 세계를 위하는 길이라고 생각하는 것이다. 정치인 아베가 독도 문제와 역사 문제로 도발을 거침없이 자행할 수 있는 것은 바로 그 때문이다.

문제는 일본 아베 총리가 우국충정의 책임감으로 포장된 소수 우월의식의 발로에서 행하고 있는 독도 도발도 결국 '현재의 자신'을 위한 이기적 행위일 뿐이라는 점이다. 아베의 독도 도발은 일본의 과거와 미래가 없고, 지역과 세계가 없다. 이는 자신과 현재만을 생각하는 일반인들과 다를 바 없다는 것을 방증한다. 왜냐하면 만약 그가 진실로 특별한 소수의 일본인에 해당한다면 미래와 세계를 고려하여 일본을 설계했을 것이고, 잘못된 진실로 미래의 일본 아이들을 불편하게 만들지는 않을 것이기 때문이다.

이 시점에서 우리는 독도 문제의 성격을 규정해야 한다. "독도는 분쟁지역이 아니며, 독도 문제는 한·일 간 외교 문제이다."라는 것이다. 독도 분쟁은 존재하지 않는다. 대한민국의 영토에 대한 일본의 강탈 시도 행위일 뿐이다. 대한민국의 대응은 일본의 문제 제기에 대해 합법적이고 합리적인 방식으로 외교적 응대를 하고 있는 것이다. 물론 외교 역시 협상을 통해 풀어 가는 또 다른 형태의 전쟁일 수 있다. 합리적이고 합법적인 수단을 총동원하여 의지와 목적을 관철하는 것이 협상의 기술이며 고도의 외교술이다. 외교 과정에서 협상은 일반적으로 사전 협상 단계, 원칙을 정립하는 단계, 세부내용을 정리하는 단계로 진행되는데, 이들 단계를 거쳐 최종 합의에 도달하게 된다.

현재 한국과 일본이 당면한 독도 문제 관련 협상 진행 단계는 '원칙을 정리하는 단계'이다. 최근까지 진행된 양국의 협상 준비 상황을 점검해 보면, 일본이 한국보다 발 빠른 대응과 체계적인 준비를 한 것으로 보인다. 우선 일본은 사전 협상 단계를 선점하여 다양한 자료와 국제법적 대응 방안들을 마련하였다. 특히 〈샌프란시스코 강화조약〉과 미일안보조약, 신미일안보지침을 철저히 해석하였다. 그리고 무주지 선점이라는 국제법적 권원을 충족시키려고 노력했다. 국제사법재판소 및 기타 국제여론에 대해서도 자국의 영향력을 확대하는 데에 주력했다. 그에 비해 한국은 사전 협상 단계부터 늦었고, 준비가 되지 않은 상태에서 일본의 자극에 수동적으로 반응하는 수준에 머물렀다. 1998년, 일본이 한일어업협정을 일방적으로 파기하고 새로운 어업협정을 제안했을 때, 한국은 1994년에 발효된 제3차 유엔해양법협약에 명시된 배타적 경제수역(EEZ)을 비롯하여, 기점이나 기선의 개념을 염두에 두지 못할 정도로 무관심한 수준이었다.

영유권 문제뿐만 아니라 어업 협정에서도 한국은 '을'로서 존재했다. 매년 진행되는 어업 협정 관련 회의 과정에서 한국이 게임의 주도권을 행사한 적이 없었다. 지난 회의 기록들을 보면, 일본 측이 먼저 필요한 사안을 제안하면 한국 측은 수세적 입장에서 이해득실을 따져 수치만 조정할 뿐이었다. 협정 내용이 한국 어업과 어민들의 이익에 부합하는지, 어로 현실에 적합한지에 대해 계산조차 하지 못했다. 이유는 아주 근본적인 데 있었다. 첫째는 양자협상에 참여하는 한국 측 협상 대표들의 자격 문제이다. 저인망, 쌍끌이 등 어구 명칭이나 용어조차 모르는 인사들로 구성된 대표단이 일본 대표단을 상대했다. 둘째는 지상탄병식의 탁상공론뿐이었다는 것이다. 해당 부서가 어업 협정을 진행하기 전에 어민들을 대상으로 설명회도 하고 의견 수렴도 한다고 하였지만, 말뿐이었다. 어민들이 출어하는 시간대에 설명회를 개최했기 때문에 어민들은 원천적으로 참석이 불가능했다. 뿐만 아니라 소수의 힘 있는 선주들을 중심으로 이익 배분이 이루어지는 자리여서, 실제 어업 현장에 있는 사람들의 의견은 배제되었다. 반면 어부 출신으로 구성된 일본 대표들의 경우에는 자신들의 이익과 관련된 문제여서 이해도가 높고 치밀한 준비를 하였기 때문에 협상에서 그들의 의도대로 유인되기 쉬웠다. 결국 문제의 핵심은 해양과 해양 산업에 대한 관심도이다. 그동안 한국이 일본에 비해 독도 문제 처리를 위한 사전 준비에 미흡했던 것도 한국인들의 관심이 부족했기 때문이다.

남은 문제는 '독도 관리'이다. 한국과 일본은 인접국이며, 시장을 공유하는 우방국이다. 지난 세기에 한·일 양국은 자유시장 경제체제에 편승하여 동반 성장과 발전을 추구했다. 전범국 일본이 6·25 전쟁 때문에 면죄부를 받고 국제사회의 일원이 될 수 있었다는 것은 어린아이도 아는 사실이다. 한국과 일본은 과거의 은원관계를 정리하지 않은 채 한 배를 탄 오월동주의 상황이 된 것이다. 지금까지 그 은원관계를 청산하지 못한 것은 일본의 일부 정치인들의 정치적 목적에 따른 몰염치 때문이다. 일본이 국가관계에 있어서 한국의 적은 아니지만, 독도 문제에 있어서는 언제든지 한국의 강탈자가 될 수 있다는 사실을 명심해야 한다.

독도 문제를 해결하기 위해서 한국은 앞으로 장기전을 준비해야 한다. 영토 문제는 정치 문제이다. 최소 100년의 안목을 가지고 대비해야 한다. 그때 우리의 후손들이 압도적 우위에 서서 이 문제를 가장 합리적이고 적법하게 처리할 수 있도록 대책을 마련해 놓아야 한다. 이것이 오늘을 살아가는 대한민국 사람들의 책임이자 소명이다.

참고문헌

단행본 자료

Alfred Thayer Mahan, 蕭偉中·梅然 譯, 『海權論』(北京: 中國言實出版社, 1997).

Boggs, S. Whittemore, *International Boundaries-A Study of Boundary Functions and Problems*(New York: Columbia University Press, 1940).

Jones, Stephen B., *Boundary-Making: A Handbook for Statesmen, Treaty Editors and Boundary Commissioners*[With Foreword by S. Whittemore Boggs] (Washington: Carnegie Endowment for International Peace/Division of International Law, 1945).

L. Vivien de St. Martin & L. Bowssebt, *Nouveau Dictionnaire de Geographic Universelle*, Vol. Ⅱ·Ⅲ(Paris: 1884~1887).

Murty, T. S., *Frontiers: A Changing Concept*, New Delhi: Palit & Palit Publishers, 1978.

Park Hee Kwon, *The Law of the Sea and Northeast Asia*(Hague: Kluwer Law International, 2000).

Prescott, J. R. V., *Political Frontiers and Boundaries*(London: Allen & Unwin, 1987).

The Club of Roma, 金昇漢 譯, *The Limits to Growth*(서울: 삼성문화재단, 1972).

W. King, *China Pilot*, 3rd Edition(London: 1861).

경북대학교 울릉도·독도연구소, 『독도의 자연』(경북대학교출판부, 2008).

경북대학교 울릉도·독도연구소, 『한국의 자연유산 독도』(문화재청, 2009).

경상북도 독도정책과, 『독도를 지켜온 사람들』(2012).

谷衍奎 編, 『漢字源流字典』(北京: 華夏出版社, 2003).

鞠德源, 『钓鱼岛正名』(北京: 昆仑出版社, 2006).

국민대학교 일본학 연구소, 『일본 공문서 조사분석 연구사업 결과보고서』(2009).

국사편찬위원회, 『독도자료, 미국편』(2008).

김사열, 『괭이갈매기, 땅채송화와 미생물의 섬』(경북대학교출판부, 2012).

马呈元, 『国际法』(北京: 中国人民大学出版社, 2003).

邵津, 『国际法教程』(北京: 高等教育出版社, 2000).

시모나카 야스부로(下中彌三郎) 편, 『世界大百科辭典』(東京: 平凡社, 1957).
신동욱, 『독도 영유권에 관한 연구』(서울: 어문각, 2008).
알베르트 아인슈타인, 고중숙 옮김, 『상대성이란 무엇인가』(김영사, 2011).
영남대학교 독도연구소, 『독도 영유권 확립을 위한 연구』(경인문화사, 2009).
王铁崖, 『国际法』(北京: 法律出版社, 1981).
요미우리신문 정치부 저, 김연빈·박형구 역, 『검증 국가전략 없는 일본』(서울: 한국해양전략연구소, 2007).
이석우, 『일본의 영토분쟁과 샌프란시스코 평화조약』(인천: 인하대학교출판부, 2003).
이예균·김성호, 『일본은 죽어도 모르는 독도 이야기 88』(예나루, 2008).
이정태, 『신중국의 해권과 해양영토』(서울: 대왕사, 2005).
이종원, 『동아시아 냉전과 한미일 관계』(도쿄: 도쿄대학교, 1996).
張煒·鄭宏, 『影响历史的海权论－马汉〈海权对历史的影响(1660~1783)〉浅说』(北京: 軍事科學出版社, 2000).
정병준, 『독도 1947 -전후 독도문제와 한미일관계』(파주: 돌베개, 2010).
정영우, 『독도분쟁과 군사적 대처방안에 관한 제언』(서울: 합동참모본부, 2006).
中國社會科學院語言研究所詞典編輯室編, 『現代漢語詞典』(北京: 商務印書館, 1996)
陳致中 編著, 『國際法案例』(北京: 法律出版社, 1998).
太壽堂鼎, 『領土歸屬の 國際法』(東京: 東信堂, 1998).
胡宗宪·郑若曾, 『筹海图编』, 〈福建沿海山沙图〉, 〈福建使往日本针路〉.

논문 자료

"Statement of the Ministry of Foreign Affairs of the People's Republic of China, dated 30 December 1971", *Beijing Review*(January 1, 1972).
Benjamin K. Sibett, "Tokdo or Takeshima? The Territorial Dispute between Japan and The Republic of Korea", *FORDHAM International Law Journal*, Vol. 12(April 1988).
Tao Cheng, "The Sino-Japanese Dispute over the Tiao-yu-tai(Senkaku) Islands and the Law of Territorial Acquisition," *Virginia Journal of International Law*, Vol. 14(1973~1974).
김영구, "동해에 있어서 한일간의 EEZ 경계획정에 관련한 해양법협약 제121조 3항의 해석과 그 적용," 『서울국제법연구』, 제3권 제1호(1996).
김정원 역, "겐로쿠 9년 조선 배 착안 한 권의 각서", 『독도연구(1)』(영남대 독도연구소, 2005).
김태완, "동아시아 해양공동체"(한국통일전략학회, 2009).

김형수, "독도를 고려한 해양경계획정에 관한 연구"(한국해양환경공학회, 2006).

김화경, "한국 고지도에 나타난 독도 인식에 관한 연구", 『독도 영유권 확립을 위한 연구』(2009).

다보하시 키요시(田保橋潔), "鬱陵島 領有に 關する 日鮮交涉", 『청구학총』, 제3호(1931).

谭晓虎·王开明, 「从国际公法角度论钓鱼岛主权归属」, 『西北第二民主学院学报』(银川: 哲社出版社, 2003).

米庆余, "钓鱼岛及其附属岛屿归属考-从明代陈侃〈使琉球录〉谈起", 『历史研究』, 2002年, 第3期.

尾崎重義, "尖閣列島の帰属について(下の二つ)", 『レファレンス』, 263号(1972).

박기갑·김자영, "영유권 취득·상실에 있어서 국가의 일방적 행위가 갖는 국제법적 효력에 관한 연구: 최근 사례를 중심으로"(한국해양수산개발원, 2008).

오쿠하라 헤키운(奧原碧雲), "죽도연혁고(竹島沿革考)", 『일본역사지리』, 제8권 6호(1906).

윤영민·이윤철, "한반도 주변 국가의 해양관할정책 및 해양경계획정에 관한 연구"(한국마린엔지니어링학회, 2006).

이상태, "동여비고에 관한 연구", 『실학사상연구』(모악실학회, 1999), 제10·11합집.

이정태, "중·일 해양영토분쟁과 중국의 대응", 『대한정치학회보』, 제13집 2호(2005).

張文木, "論中國海權", 『中國外交』(2004. 1).

정문섭, "동북아시아 지역의 해양 분쟁과 그 함의", 『아시아연구』(한국아시아학회, 2008).

조진구, "국교정상화 40주년의 한일관계"(고려대학교 평화와 민주주의 연구소, 2006).

陳剛華, "한·일 독도(죽도)분쟁과 미국의 관계", 『獨島硏究』, 제7호.

陈自强, "漳州人与钓鱼岛", 『漳州职业大学学报』, 1999年 4月.

村田忠禧, "尖阁列岛/钓鱼岛争议", 『百年潮』, 2004年, 第6期.

최병학, "해양영토분쟁과 독도영유권에 대한 연구", 『지방정부연구』(한국지방정부학회, 2010).

최종팔, "독도문제 분석과 전망", 『한국행정학회 하계학술발표 논문집』(서울: 한국행정학회, 2012).

황용식, "독도 영유권에 관한 일본측 주장의 근본적인 문제점", 『외교』, 제94호(2010. 7).

고문헌 자료

『獨島關系資料集 - 往復外交文書』(1952~1976)

『琉球錄』

『山海经·海内北京』

『三國志』

『世宗實錄』

『肅宗實錄』

『燕山君日記』

『增補文獻備考』

『芝峯類說』

『中山传信录』

『琉球国志略』

언론 자료

「國防時報」, 2013년 2월 4일자.

「國際先驅導報」, 2005년 2월 25일~3월 3일자.

「每日新闻」, 2008년 6월 12일자.

「法制晚報」, 2012년 5월 1일자.

「产经新闻」, 2009년 2월 4일자.

「產經新聞」, 2012년 9월 5일자.

「人民網」, 2012년 8월 16일자(14:53).

「人民日報」, 2010년 9월 17일자, 2012년 8월 24일자.

「조선일보」, 2010년 10월 18일자, 2010년 10월 25일자, 2010년 11월 8일자, 2010년 9월 19일자, 2012년 4월 18일자, 2012년 7월 9일자, 2012년 8월 16일자, 2012년 8월 17일자, 2013년 7월 26일자, 2013년 7월 27일자, 2013년 8월 9일자, 2013년 9월 10일자, 2013년 9월 11일자.

「중앙일보」, 2012년 7월 2일자.

「青年参考」, 2005년 4월 6일자.

「環球時報」, 2012년 8월 13일자, 2012년 9월 5일자.

홈페이지 자료

경상북도 독도정책관, http://www.dokdo.go.kr

독도박물관, http://www.dokdomuseum.go.kr

동북아역사재단 홈페이지, http://www.historyfoundation.or.kr

반크, http://prkorea.com

시나닷컴, http://www.sina.com.cn